Bestimmung des Einflusses des Walzens auf den Verschleiß von Schienenfahrzeugrädern am Beispiel einer Stadtbahn

Determination of The Influence of Rolling on The Wear of Rail Wheel Using The Example of A Light Rail Vehicle

Von der Fakultät für Maschinenwesen
der Rheinisch-Westfälischen Technischen Hochschule Aachen
zur Erlangung des akademischen Grades eines
Doktors der Ingenieurwissenschaften
genehmigte Dissertation

vorgelegt von

Michael Kölker

Berichter/in:

Univ.-Prof Dr.-Ing. Torsten Dellmann
Univ.-Prof Dr.-Ing. Christian Schindler

Tag der mündlichen Prüfung: 29. November 2024

Schriftenreihe Schienenfahrzeuge
und Transportsysteme

Michael Kölker

Bestimmung des Einflusses des Walzens auf den Verschleiß von Schienenfahrzeugrädern am Beispiel einer Stadtbahn

Herausgeber:
Univ.-Prof. Dr.-Ing. C. Schindler

Band 7

Bibliografische Information der Deutschen Nationalbibliothek
Die Deutsche Nationalbibliothek verzeichnet diese Publikation in der Deutschen Nationalbibliografie; detaillierte bibliografische Daten sind im Internet über https://portal.dnb.de abrufbar.

Michael Kölker:

Bestimmung des Einflusses des Walzens auf den Verschleiß von Schienenfahrzeugrädern am Beispiel einer Stadtbahn

1. Auflage, 2025

Gedruckt auf holz- und säurefreiem Papier, 100% chlorfrei gebleicht.

Wissenschaftsverlag des Instituts für Industriekommunikation und Fachmedien an der RWTH Aachen
Steinbachstr. 25, 52074 Aachen, Deutschland
Internet: www.apprimus-verlag.de, E-Mail: info@apprimus-verlag.de

Druck: CPI Druckdienstleistungen GmbH
Ferdinand-Jühlke-Straße 7 | 99095 Erfurt | Deutschland

ISBN 978-3-98555-310-5

Inhaltsverzeichnis

Kurzfassung

Der Verschleiß von Schienenfahrzeugrädern wird wesentlich von der Härte der Kontaktpartner (Rad und Schiene) beeinflusst. In bestehenden Verschleißmodellen wird dieser Umstand jedoch mit konstantem Einfluss der Härte berücksichtigt. Bei dem Modell nach Holm [Hol46] steht die Härte im umgekehrt proportionalen Zusammenhang zum Verschleiß. Das bestehende Modell wird ergänzt, um die Entwicklung der Oberflächenhärte des Rades beim Einlaufen abzubilden.

Zur Bestimmung des Einlaufverhaltens werden Versuche am Einzelrad-Rollprüfstand (Twin-Disc) durchgeführt. Es stehen zwei neu reprofilierte Räder zur Verfügung, wobei bei einem Rad die Oberflächenhärte durch vorheriges Walzen gesteigert wird.

Mit den Versuchen wird ein Fahrzyklus in Form von Anfahren, Fahren mit konstanter Geschwindigkeit und Abbremsen nachgestellt. Der Fokus der Versuche mit dem ungewalzten Rad liegt auf dem Verschleiß- und Einlaufverhalten. Mit Hilfe des Rades mit der gesteigerten Oberflächenhärte wird insbesondere der Einfluss von Streumitteln auf den Verschleiß betrachtet. Eine weitere Beurteilungsgröße ist der Gradient der Oberflächenrauheit des Rades, welcher während der Versuche kontinuierlich erfasst wird. Oberflächen mit großer lokaler Steigung weisen eine hohe Rauheit auf und umgekehrt. Bei beiden Versuchsreihen kann eine Steigerung der Oberflächenhärte bis hin zu einem gleichbleibenden Niveau festgestellt werden, wobei die Härte des gewalzten Rades durchweg höher als die des ungewalzten ist.

Das Ergebnis der Prüfstandversuche wird in das Härte-Verschleißmodell (HVM) überführt. Die Parametrierung des Modells erfolgt ebenfalls mit Hilfe der Versuchsreihen. Im Anschluss wird das so parametrierte HVM in Kombination mit einer Mehrkörpersimulation (MKS) zur Prognose von Verschleiß und Oberflächenhärte einer Stadtbahn eingesetzt. Das MKS-Modell umfasst neben dem eigentlichen Fahrzeug den Fahrweg in Form real nachgebildeter Strecken und den Einfluss des Fahrers in Kombination mit einem Fahrplan, welcher durch einen Regler nachgebildet wird.

Die Validierung des Härte-Verschleiß Modells erfolgt mittels realer Fahrversuche. Hierbei wird ein ungewalztes Rad betrachtet. Es zeigt sich, dass die Entwicklung der Oberflächenhärte und des Radverschleißes während des Einlaufverhaltens realitätsgetreu nachgebildet werden.

Aus der experimentell bestimmten Änderung der Rauheitsgradienten wird zusätzlich ein erweitertes Verschleißmodell (qualitativ) beim Einsatz von Streumitteln erstellt.

Sowohl die Prüfstandversuche als auch die Simulation zeigen eine Reduktion des Verschleißes beim gewalzten Rad gegenüber dem ungewalzten Rad. Aus der Simulation geht eine Einsparung von etwa 30 % hervor. Diese Größenordnung legt nahe, eine Wirtschaftlichkeitsbetrachtung des Kaltwalzverfahrens zur Verschleißreduktion in Betracht zu ziehen.

Abstract

The wear of rail vehicle wheels is significantly influenced by the hardness of the contact pair (wheel and rail). In existing wear models, however, this behaviour is considered with a constant influence of hardness. In the model according to HOLM [Hol46] hardness is inversely related to the wear. The existing model is supplemented in this work to show the development of the surface hardness of the wheel during running-in behaviour.

To determine the running-in behaviour, tests are carried out on a single-wheel rolling test stand (twin disc) using two newly reprofiled wheels, with one wheel having its surface hardness increased by prior rolling.

The tests simulate a driving cycle in the form of starting, driving at a constant speed and braking. The focus of the tests with the unrolled wheel is on the wear and running-in behaviour, while that of the wheel with the increased surface hardness lies on the examination of the influence of grit on wear. Another assessment variable is the increase in the surface roughness of the wheel, which was continuously recorded during the tests. Surfaces with a large local gradient showed a high roughness and vice versa. In both series of tests, an increase in surface hardness up to a constant level could be determined, with the hardness of the rolled wheel being consistently higher than that of the unrolled wheel.

In the next step, this result is transferred to the hardness wear model (HVM). The model is parameterized using data from the test series. The new HVM is then used in combination with a multi-body simulation (MBS) to predict wear and surface hardness on a light rail system. In addition to the actual vehicle, the MKS model included the route in the form of realistically simulated driving trajectories, as well as the influence of the driver in combination with a timetable, which is simulated by a controller.

An unrolled wheel is considered for the validation of the HVM by means of real driving tests. The validation efforts shows that the development of surface hardness and wheel wear during the running-in behaviour from the simulation are in good agreement with real world behaviour.

Furthermore, from the experimentally determined change in the roughness gradient, an extended wear model (qualitative) was created to consider the effect of the use of grit.

Both the test bench results, and the simulation show a reduction in wear on the rolled wheel compared to the unrolled wheel. The simulation shows a saving of around 30 %. This magnitude is a strong indicator for the consideration of an economic feasibility analysis of the cold rolling process to reduce wear.

Formelverzeichnis

Zeichen	Bedeutung	Einheit
Indizes		
a	Arithmetischer Mittelwert	
m	mittel	
Fzg	Fahrzeug	
q	Quadratischer Mittelwert	
Rad	auf das Rad bezogen	
ref	Referenz	
kleine Buchstaben		
a	Ellipsenhalbmesser	[mm]
$a_{Fzg,m}$	mittlere Fahrzeugverzögerung	[m/s²]
b	Ellipsenhalbmesser	[mm]
f_x	Kraftschlussbeiwert in x-Richtung	[-]
g	Erdbeschleunigung	[m/s²]
h	Schmierspalthöhe	[mm]
m_{Fzg}	Fahrzeugmasse	[kg]
p	Druck	[N/mm²]
p_{max}	maximale Pressung	[N/mm²]
r	Radradius	[mm]
$r_{a,i}$	äußerer, innerer Radradius bei Auslenkung u	[m]
s	Schlupf	[-]
s_{sat}	Schlupf\ bei\ gerade vollständigem Gleiten	[-]
t	Zeit	[s]
u	laterale\ Auslenkung\	[m]
u_1, u_2	Geschwindigkeit\ von\ Körper und Gegenkörper	[m/s]
Δu	Verformung der Borsten	[-]
v	Geschwindigkeit	[m/s]
v_a	Aufprallgeschwindigkeit	[m/s]
v_r	Rückprallgeschwindigkeit	[m/s]
w_{el}	elastische Verformung	[mm]

große Buchstaben

A	Fläche	[mm²]
A_{ku}	Asymmetrie der Verteilung der Streuwinkel	[-]
A_q	Normierter Quadratischer Mittelwert der Profilwinkel/Streuwinkel	[-]
A_{sk}	Schiefe der Verteilung der Streuwinkel	[-]
C	Wärmekapazität	[J/(kgK)]
$C_{i,j}$	Kalkerkoeffizienten	[-]
C_{krit}	kritische Risslänge	[mm]
C_L	Einsatzzahl	[mm³/N]]
E	Elastizitätsmodul	[N/mm²]
F_N	Normalkraft	[N]
$F_{Prüf,S,T}$	Prüfkraft	[N]
G_{EHD}	dimensionsloser Lastparameter	[-]
H_{ST}	Härte nach STÖFFERLE und THIEMERT	$\left[\frac{dN}{mm^2}\right]$
HL	Härte nach LEEB	[-]
HV	Härte nach VICKERS	
$H(\varphi)$	normierte Streuwinkelverteilung	[-]
$I(\varphi)$	Diodenintensität	[V]
L	Borstensteifigkeit	[N/m]
L_{Blok}	dimensionsloser Parameter nach BLOK	[-]
L_{char}	charakteristische Länge	[m]
L_{Weg}	(Weg-)Wellenlänge	[m]
M	Mittlere Lage der Streuwinkel	[°]
N_{Blok}	dimensionsloser Parameter nach BLOK	[-]
P	Primärprofil	[µm]
P_{Reib}	Reibleistung	[J/s]
P_e	Pecl\u00e9tzahl	[-]
R	Rauheitsprofil	[µm]
R_{Str}	Bogenradius	[m]
S_{dq}	Mittlerer quadratischer Gradient der skalenbegrenzten Oberfläche	[-]
S_{dr}	entwickeltes Übergangsflächenverhältnis der Oberfläche	[-]

S	Stützweite	[mm]
U_{EHD}	dimensionsloser Geschwindigkeitsparameter	[-]
W_{EHD}	dimensionsloser Materialparameter	[-]
W	Welligkeit des Profils	[µm]
W_V	Verschleißvolumen	[mm³]
Z	Höhe des Profils	[µm]

griechische Buchstaben

α_1	Anpassungskoeffizient (EHD)	[-]
$\alpha_{2,3,4}$	Anpassungsexponent (EHD)	[-]
β	Wärmeeindringkoeffizient	[J/(Km²s^{0,5}]
δ	Laufflächenneigung	[-]
θ	Temperatur	[K]
η_R	Viskosität	[Ns/m²]
ρ_R	Dichte	[kg/m³]
μ	Gleitreibkoeffizient	[-]
ν	Querkontraktionszahl	[-]
κ	Temperaturleitfähigkeit	[10^{-6} m²/s]
λ	Wärmeleitfähigkeit	[W/(Km)]
$\xi_{Hertz}, \eta_{Hertz}$	krümmungsabhängige Koeffizienten	[-]
Δu	Verformung der Borsten	[mm]
$\Delta\xi$	Abstand der Borsten	[mm]
φ	Reflektionswinkel des Lichts	[°]
ρ_R	Dichte	[kg/m³]
$\Sigma\rho$	Summe der Krümmungen	[m^{-1}]
χ	Position\ in\ Längsrichtung innerhalb des Kontaktes	[mm]
θ	Temperatur	[k]
Γ	Schubspannung	[N/mm²]
Ω	Winkelgeschwindigkeit des Rades	[s^{-1}]

1 Motivation

Die Kosten eines Eisenbahnverkehrsunternehmens (EVU) bzw. Bahnbetreibers werden allgemein in Anschaffungs- und Betriebskosten unterteilt. Hierunter fallen unter anderem Ausgaben für Strecke, Energie, Personal und Instandhaltung der Fahrzeuge. Die ersten drei Posten gestalten sich für alle Mitbewerber ähnlich, da die Preise für Energie und Strecke durch die Netzbetreiber vorgegeben werden. Auch die Personalkosten werden im Wesentlichen durch den Markt bestimmt. Hier können Einsparungen durch die Steigerung der Produktivität oder die Optimierung von Prozessen erzielt werden. Im Fall der Instandhaltung gilt es, Bauteile möglichst bis zum Erreichen der maximalen Lebensdauer zu verwenden. Im Bereich des Drehgestells werden sicherheitsrelevante Komponenten wie Dämpfer, Lager, Bremsausrüstung und Räder präventiv instandgehalten, so dass die maximale Ausschöpfung der Lebensdauer nicht immer möglich ist. Generell kann die Standfestigkeit von Bauteilen durch die Reduktion der Belastung oder durch die Optimierung der Bauteile erfolgen. Üblicherweise ist die Belastung durch äußere Einflüsse wie dem Betrieb des Fahrzeugs vorgegeben, so dass die Optimierung der Bauteileigenschaften zu bevorzugen ist. Im Falle des Rades tritt besonders großer Verschleiß infolge der Traktions- und Bremskräfte, sowie der Kräfte beim Befahren von Gleisbögen auf. Da der Tausch der Räder besonders zeit- und kostenintensiv ist, ist es in diesem Fall erstrebenswert dem Verschleißfortschritt entgegenzuwirken.

Um geeignete Maßnahmen treffen zu können, müssen zunächst die Ursachen für den Verschleiß des Rades bestimmt werden. Dies sind die große Anzahl von Überrollungen und die durch das Antreiben, Bremsen und die Spurführung eingeleiteten Reibkräfte kombiniert mit Relativbewegung zwischen Rad und Schiene (Reibenergie). Diese Belastungen führen zum Verschleiß der Lauffläche, der Hohlkehle und der Spurkranzflanke (vgl. **Abb. 1.1**).

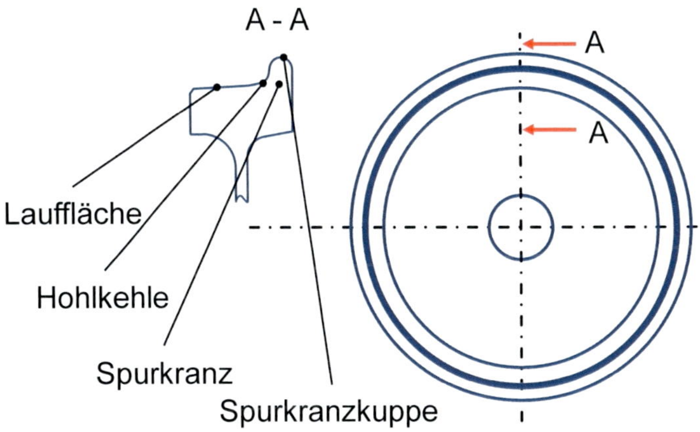

Abb. 1.1: Bestandteile des Radprofils

Verglichen mit dem Vollbahnbereich verschleißen die Räder bei Stadt- und Straßenbahnen durch das Befahren engerer Bögen stärker. Hinzu kommen in diesem Fall Verschleißerscheinungen an Radrücken und Spurkranzkuppe, da diese Bereiche des Rades zum Übertragen von Spurführungskräften genutzt werden.

Handlungsbedarf im Sinne der Aufrechterhaltung der Laufstabilität und Instandhaltung entsteht immer dann, wenn Grenzmaße am Rad unter- oder überschritten werden. Dies können beispielsweise die Spurkranzhöhe oder die Steigung der Spurkranzflanke sein. In diesem Fall wird das Rad zur Wiederherstellung der ursprünglichen Form abgedreht (Reprofilierung). Hieraus folgt eine Abnahme des Raddurchmessers. Diese Vorgehensweise kann so lange fortgeführt werden, bis der Verschleißvorrat des Rades aufgebraucht ist. Das Rad (oder der Radreifen) kann dann nicht mehr weiterverwendet werden und muss getauscht werden. Sowohl das Abdrehen als auch der Tausch des Rades sind kosten- und personalintensiv. Hinzu kommt der Ausfall des Fahrzeuges für den Zeitraum der Instandhaltungsmaßnahme. Um Kosten zu senken und die Verfügbarkeit zu erhöhen ist es also erstrebenswert den Verschleiß des Rades auf ein Minimum zu begrenzen bzw. seinen Fortschritt so zu begrenzen, dass das Rad möglichst lange betrieben werden kann.

Blickt man auf andere tribologische Kontakte wie Wälz- oder Gleitlager, so findet man häufig Fett oder Öl als trennende Schicht zwischen den beiden Kontaktpartnern vor. Im Rad-Schiene Kontakt wird Fett im Bereich des Spurkranzes bzw. der Hohlkehle eingesetzt, um den Verschleiß des Rades bei der Fahrt durch enge Bögen zu verringern. Der Einsatz von Fett ist allerdings im Bereich der Lauffläche nur bedingt möglich, da durch die geringe Viskosität des Zwischenmediums nur geringe Längskräfte übertragen werden können, wodurch das Antriebs- und Bremsvermögen stark beeinträchtigt werden kann.

Da der Einsatz von trennenden Zwischenmedien nicht in Betracht kommt, bietet sich der Blick auf Lösungen anderer tribologischer Kontakte - wie beispielsweise Reiblager von Kurbelwellen - an. Beim Fertigen bzw. Nachbearbeiten von Kurbelwellen hat sich das Walzen der Lagerstellen als positiv für die Standzeit herausgestellt. Dies folgt aus dem Einbringen von Eigenspannungen in den Werkstoff, welche den aus den Betriebsbelastungen resultierenden Spannungen entgegenwirken. Weiterhin bewirkt das Walzen eine Verringerung der Oberflächenrauheit und Steigerung der Härte.

HOLM [Hol46] und ARCHARD [Arc53] formulieren ein Verschleißgesetz, bei dem der Verschleiß proportional zum Quotienten aus Gleitweg (der Kontaktpartner relativ zueinander) und Härte ist. Folglich sollte eine gewalzte Oberfläche im (Roll-) Kontakt einen geringeren Verschleiß als eine ungewalzte Oberfläche bei gleicher Belastung aufweisen.

Ziel dieser Arbeit ist daher die Klärung der Frage, ob sich ein Walzverfahren für den Einsatz bei Schienenfahrzeugrädern zur Verschleißreduzierung eignet.

2 Stand der Technik

Die Tribologie beschreibt das Zusammenwirken zweier Wirkflächen in Relativbewegung. Da sich beim Kontakt von Rad und Schiene ebenfalls zwei Wirkflächen relativ zueinander bewegen, kann dieses System auch als tribologisches System (vgl. **Abb. 2.1**) beschrieben werden. Die Struktur des vorliegenden Kapitels orientiert sich an Abb. 2.1. Der Einfluss der Temperatur sowie der Bewegung bleibt im Stand der Technik aus Gründen der Übersichtlichkeit unberücksichtigt. Ein solches System zeichnet sich durch die Erfüllung verschiedener Funktionen aus.

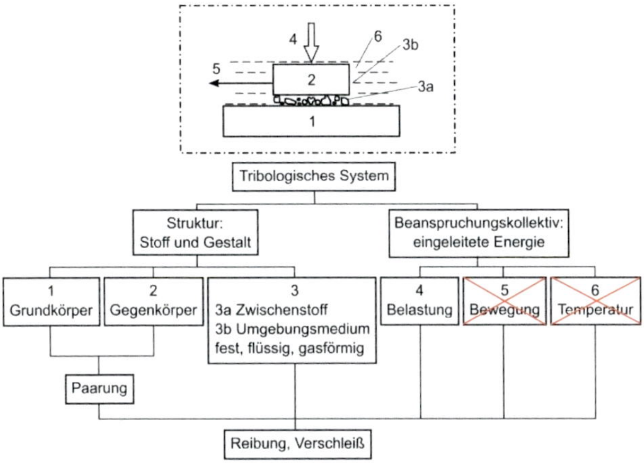

Abb. 2.1: Tribologisches System mit den kennzeichnenden Elementen [Som10]

Im vorliegenden Fall des Rad-Schiene Kontaktes sind diese Funktionen:

- Tragen,
- Übertragen von Traktions- und Bremskräften,
- Führen.

Die Funktion des Tragens wird durch die Form von Grundkörper (Rad) und Gegenkörper (Schiene) gewährleistet. Die zweite Funktion wird vom Kraftschluss, also der in Längsrichtung übertragbaren Kraft, realisiert. Die Funktion des Führens wird in der Regel durch die Form der Körper und den Kraftschluss erfüllt.

2.1 Struktur von Grund- und Gegenkörper

Aus Abb. 2.1 wird deutlich, dass die Ausprägung von Grund- und Gegenkörper sowie das Zwischenmedium einen maßgeblichen Einfluss auf das tribologische System und somit auf den Verschleiß haben. In dieser Arbeit bilden Rad und Schiene diese beiden Kontaktpartner.

Ein Zwischenmedium muss nicht zwingend vorhanden sein. Da die Rad-Schiene Paarung oftmals dem Wetter ausgesetzt ist, können beispielsweise Wasser, Laub, oder (oxidische) Verschmutzungen die Zwischenschicht bilden.

2.1.1 Form

Die Profilformen von Rad und Schiene bestimmen verschiedene Eigenschaften des Systems. Folgende **Abb. 2.2** zeigt exemplarisch die Kombination des Radprofils S1002 [DIN06] mit dem Schienenprofil UIC 60 E1 mit Einbauneigung 1:40 [DIN17a]. Die Größe der Radien der Kontaktpartner hat direkten Einfluss auf die Größe der Kontaktfläche und die Verteilung der Normalspannung.

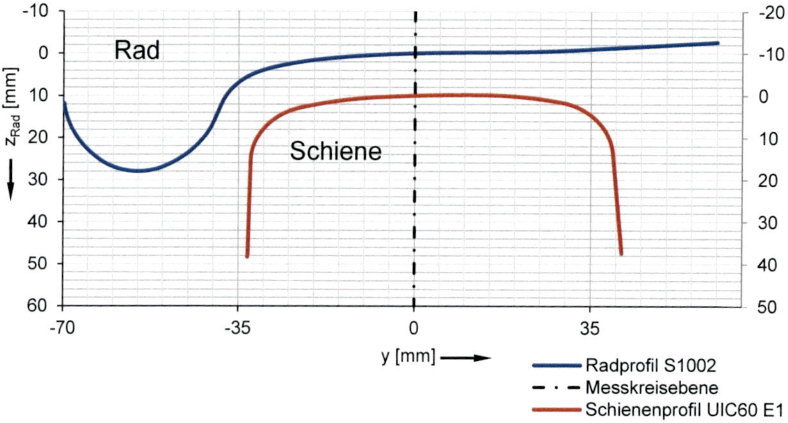

Abb. 2.2: Form von Rad und Schiene

2.1.2 Rauheit

Bei der Betrachtung von Grund- und Gegenkörper im Mikrometerbereich wird nicht die Form, sondern die Rauheit der Oberfläche untersucht. Der Rauheit, bzw. Rauheitsänderung kann insofern Bedeutung beigemessen werden, als dass die Änderung der Rauheit oftmals auf Verschleiß zurückzuführen ist. Die Norm DIN 4760 [DIN82] teilt Gestaltabweichungen in ein System mehrerer Ordnungen ein. Die Gestaltabweichungen erster und zweiter Ordnung (Formabweichung und Welligkeit) resultieren aus Fehlern wie außermittige Einspannung des Werkstückes beim Fertigen oder Schwingen des Werkzeuges. Die Gestaltabweichungen dritter bis sechster Ordnung beschreiben die Rauheit, wobei die Abweichungen dritter und vierter Ordnung ebenfalls aus der Fertigung resultieren. So bilden sich etwa in Abhängigkeit der Einstechtiefe des Drehmeißels und der Vorschubgeschwindigkeit Rillen beim Drehen. Folgen aus der Spanbildung oder Werkstoffverformung durch Strahlen werden in der Gestaltabweichung vierter Ordnung einbegriffen. Die höheren Ordnungen beziehen sich auf die Gefügestruktur und den Gitteraufbau des Werkstoffes.

Zur Beschreibung der Oberflächenbeschaffenheit werden gemäß DIN EN ISO 4278 [DIN10a] Größen herangezogen, welche sich aus Messungen mit Hilfe des Tastschrittverfahrens ermitteln lassen. Bei diesem Verfahren wird die Oberfläche auf einer Länge L_T mit einer Tastspitze mit definierter Form abgefahren und der Höhenwert in äquidistanten Abständen ermittelt. Die Ränder (mit der Länge L_C) des so erfassten Primärprofils P werden nicht in die Auswertung mit einbezogen. Mittels phasenkorrekter Filterung (Gaußfilter) wird aus dem Primärprofil P die Welligkeit W bestimmt, vgl. **Abb. 2.3**.

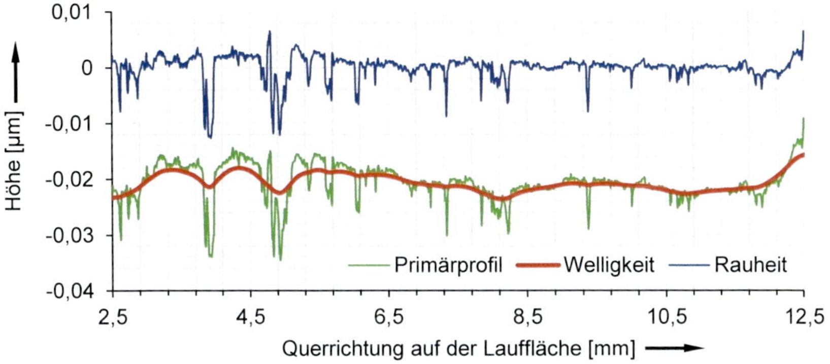

Abb. 2.3: Darstellung von Primärprofil, Welligkeit und Rauheit

Durch Subtraktion der Welligkeit W vom Primärprofil P ergibt sich die Rauheit R. Einige der gängigsten Größen werden folgend dargestellt:

Der *arithmetische Mittelwert* [DIN10a] der Profilordinate:

$$P_a, R_a, W_a = \frac{1}{l}\int_0^l |Z(x)|\,dx \qquad (2.1)$$

P_a = *arithmetischer Mittelwert des Profils*
R_a = *arithmetischer Mittelwert der Rauheit*
W_a = *arithmetischer Mittelwert der Welligkeit*
Z = *Höhe*

Der *quadratische Mittelwert* [DIN10a] der Profilordinate:

$$P_q, R_q, W_q = \sqrt{\frac{1}{l}\int_0^l Z(x)^2\,dx} \qquad (2.2)$$

P_q = *quadratischer Mittelwert des Profils*
R_q = *quadratischer Mittelwert der Rauheit*
W_q = *quadratischer Mittelwert der Welligkeit*
Z = *Höhe*

Die Betrachtung des quadratischen Mittelwertes führt dazu, dass Ausreißer stärker berücksichtigt werden.

Die örtliche Profilsteigung an der Stelle i [DIN10a] wird durch

$$\frac{dz_i}{dx} = \frac{1}{60\Delta X} \cdot (z_{i+3} - 9z_{i+2} + 45z_{i+1} - 45z_{i-1+}9z_{i-2} - z_{i-3}) \quad (2.3)$$

ΔX = Abstand zwischen den äquidistant abgetasteten Profilpunkten

gegeben, wobei ΔX den Abstand zwischen zwei benachbarten Profilpunkten darstellt. Die quadratischen Mittelwerte der örtlichen Profilsteigungen des Profils $P\Delta q$, $R\Delta q$ und $W\Delta q$ werden analog zu Gl. (2.2) gebildet.

Eine Möglichkeit zur Charakterisierung von Oberflächen gibt die VDA-Empfehlung Oberflächenbeschaffenheit – Winkelauflösende Streulichtmesstechnik [VDA09]. Bei dem dort beschriebenen Messverfahren (siehe **Abb. 2.4**) wird die zu messende Oberfläche senkrecht mit einer Diode (LED) beleuchtet. Das Licht wird von der Oberfläche in verschiedenen Winkeln φ reflektiert und durch eine Linse in einen Detektor geleitet. Diese Linse hat die Eigenschaft, alle parallel verlaufenden und somit im gleichen Winkel reflektierten Lichtstrahlen an dieselbe Stelle des Detektors zu leiten. Der Detektor besteht aus einer Zeile von Fotodioden, welche die Intensität des reflektierten Lichts in Abhängigkeit des Streuwinkels erfassen.

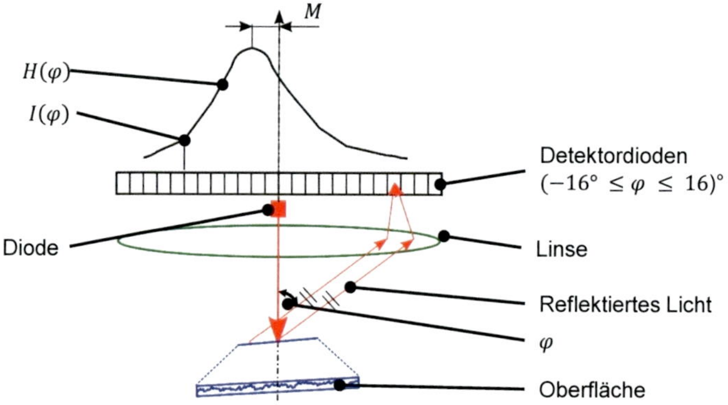

Abb. 2.4: Schematische Darstellung des winkelauflösenden Streulichtmessverfahrens

Da bei diesem Verfahren nicht die Höhe des Profils erfasst wird, können die vorher beschriebenen Kenngrößen R_a und R_q nicht ermittelt werden. Aus den erfassten Intensitätswerten werden zunächst die Hilfskenngrößen der Gesamtintensität ΣI als Summe der einzelnen Diodenintensitäten, die normierte Streuwinkelverteilung $H(\varphi')$ (Gl. (2.4), wobei: $\varphi' = \tan(\varphi)$) und mittlere Lage der Streuwinkel M Gl.(2.5) bestimmt.

$$H(\varphi') = \frac{I(\varphi')}{\sum I(\varphi')} \quad (2.4)$$

$H(\varphi')$ = *normierte Streuwinkelverteilung*
$I(\varphi')$ = *Einzeldiodenintensität*

$$M = \varphi \cdot H(\varphi') \qquad M = \textit{mittlere Lage der Streuwinkel} \qquad (2.5)$$

Die Gesamtintensität ΣI und die mittlere Lage der Streuwinkel M können bei symmetrisch verteilten Streuwinkeln zur Positionierung des Sensors genutzt werden. Erreicht die Lage der Streuwinkel M ihr Minimum und die Diodenintensität ΣI ihr Maximum, so ist der Sensor senkrecht zur Oberfläche ausgerichtet. Zur Charakterisierung der Oberfläche dienen die Varianz der Streuwinkelverteilung A_q, die Schiefe der Streuwinkelverteilung A_{sk} und die Kurtosis (Wölbung) A_{ku} der Streuwinkelverteilung.

Die Varianz der Streuwinkel (Gl. (2.6), mit n = 2) entspricht dem quadratischen Mittelwert der Profilwinkel und ist somit ein Maß für die Mikrostruktur der Oberfläche. Der Korrekturfaktor k wird so gewählt, dass sich bei rechteckiger Verteilung der Intensitäten über den gesamten Winkelbereich ein A_q = 100 einstellt.

$$A_{q,sk,ku} = k_i \cdot \sum (\varphi' - M)^n \cdot H(\varphi') \qquad \begin{aligned} A_q &= \textit{Varianz der Streuwinkel} \\ A_{sk} &= \textit{Schiefe der Streuwinkel} \\ A_{ku} &= \textit{Wölbung der Streuwinkelverteilung} \\ k_i &= \textit{Korrekturfaktor} \end{aligned} \qquad (2.6)$$

Der kleinste messbare Wert für die Varianz der Streuwinkel hängt vom Durchmesser des Lichtbündels der Beleuchtungseinheit ab und liegt in einem Bereich 1,6 ≤ A_q ≤ 2. Ein kleiner A_q-Wert repräsentiert somit eine glatte Fläche und umgekehrt. Nach [VDA09] korreliert dieser Wert bei gleichbleibenden Fertigungsbedingungen bzw. Profilstruktur mit der R-Kenngrößen R_a (und R_z). Wird in (2.6 n = 3 gewählt, so wird die Schiefe der Verteilung A_{sk} berechnet. Dieser Wert gibt Aufschluss darüber, ob eine Asymmetrie der Winkelverteilung vorliegt. Überwiegen die negativen Streuwinkel, so nimmt A_{sk} einen Wert kleiner null an und umgekehrt. A_{ku} ist ein Maß für die Profilwölbung ((2.6, mit n = 4) und beschreibt, ob die Oberfläche vermehrt steile oder flache Winkel aufweist.

2.1.3 Materialeigenschaften

Die Materialeigenschaften der Kontaktpartner Rad und Schiene sind normativ festgelegt. Im Bereich der Schienen ist hier die Normreihe DIN EN 13674 [DIN11a] zu nennen. Der erste Teil dieser Reihe gibt Vorgaben zu Qualifizierungs- und Abnahmeprüfungen der perlitischen Schienenstähle mit einem längenspezifischen Gewicht m ≥ 46 kg/m. Des Weiteren werden die chemische Zusammensetzung und die mechanischen Eigenschaften definiert. Die Bezeichnung der Stähle richtet sich nach der Brinellhärte. So hat beispielsweise die Stahlsorte mit der Werkstoffnummer 1.0623 die Bezeichnung R260, woraus sich auf den Härtebereich 260 ≤ HBW ≤ 300 schließen lässt.

Analog dazu werden die Radwerkstoffe gemäß DIN EN 13262 [DIN11b] definiert. In dieser Norm werden die vier Stahlgüten ER6, ER7, ER8 und ER9 beschrieben. Folgende **Tab. 2.1** gibt Aufschluss über die prozentualen maximalen Massegehalte der spezifischen Elemente.

Tab. 2.1: Maximale Massenanteile gemäß DIN EN 13262 [DIN11b]

Stahlgüte	C	Si	Mn	P	S	Cr	Cu	Mo	Ni	V	Cr+Mo+Ni
ER6	0,48	0,40	0,75	0,020	0,020	0,30	0,30	0,08	0,30	0,06	0,50
ER7	0,52	0,40	0,80	0,020	0,020	0,30	0,30	0,08	0,30	0,06	0,50
ER8	0,56	0,40	0,80	0,020	0,020	0,30	0,30	0,08	0,30	0,06	0,50
ER9	0,60	0,40	0,80	0,020	0,020	0,30	0,30	0,08	0,30	0,06	0,50

Einige Fahrzeuge weisen noch Räder auf, welche nach dem UIC Merkblatt 812-3 [UIC84] definiert sind. Dieses zurückgezogene Merkblatt beschreibt die Stahlsorten R1 bis R3 und R6 bis R9, wobei die letzten vier genannten Stahlsorten eine ähnliche Zusammensetzung wie die Stahlgüten ER6 bis ER9 haben. Lediglich für die Massenanteile von Phosphor und Schwefel lässt das UIC Merkblatt höhere Anteile von bis zu 0,035 % zu. Weiterhin geben beide Standards Werte für die zu erreichenden Dehn- bzw. Streckgrenzen, Bruchdehnungen und die nötige Arbeit für den Kerbschlagbiegeversuch für die jeweilige Stahlgüte an. Für Mindesthärten nennt die Norm DIN EN 13262 zwei Kategorien (1 und 2). In nachfolgend aufgeführter **Tab. 2.2** sind die Härten nach BRINELL aufgezeigt.

Tab. 2.2: Mindestbrinellhärten der Stahlgüten gemäß DIN EN 13262 [DIN11b] und umgerechnete Vickershärten nach DIN EN 18265 [DIN14]

Stahlgüte	Kategorie 1	Kategorie 2	Kategorie 1	Kategorie 2
	HB		HV10	
ER6	-	225	-	230
ER7	245	235	250	240
ER8	245	245	250	240
ER9	-	255	-	260

Die Kategorie 1 wird für Fahrzeuge mit einer zulässigen Geschwindigkeit v_{max} ≥ 200 km/h eingesetzt. Für Güterfahrzeuge mit einer zulässigen Geschwindigkeit v_{max} < 200 km/h sind generell Räder der Kategorie 2 zu verwenden [DIN11b]. Zur besseren Vergleichbarkeit mit später aufgeführten Ergebnissen werden die Brinellhärten nach DIN EN 18265 in Vickershärten umgewandelt. An dieser Stelle sei angemerkt, dass die Norm explizit darauf verweist, dass die Umrechnung der Härteskalen nur in gewissen Grenzen möglich ist. Somit sind die Vickershärten nur als informative Werte zu sehen.

2.1.4 Härte

Wie oben beschrieben, ist die Härte eine Eigenschaft des Radwerkstoffes, die normativ festgelegt wird. Daraus folgt, dass zur Erfüllung der Norm die Härte der Räder quantitativ bestimmt werden muss. TABOR [Tab70] definiert die Härte als die Widerstandsfähigkeit eines Materials gegenüber der lokalen Verformung. HABIG [Hab80] beschreibt drei verschiedene Möglichkeiten zur Ermittlung dieser Widerstandsfähigkeit:

- *Härteprüfung durch einen statisch belasteten Eindringkörper*
- *Härteprüfung durch eine Tangentialbewegung des belasteten Eindringkörpers*
- *Härteprüfung durch eine impulsartige Beanspruchung*

Exemplarisch für eine Härteprüfung durch einen statisch belasteten Eindirngkörper sei hier die Prüfung nach Vickers dargestellt. Die Norm DIN EN ISO 6507-1 [DIN18] beschreibt das Verfahren und gibt die Nutzung eines Diamant-Eindringkörpers in gerader Pyramidenform mit quadratischer Grundfläche gemäß **Abb. 2.5** vor.

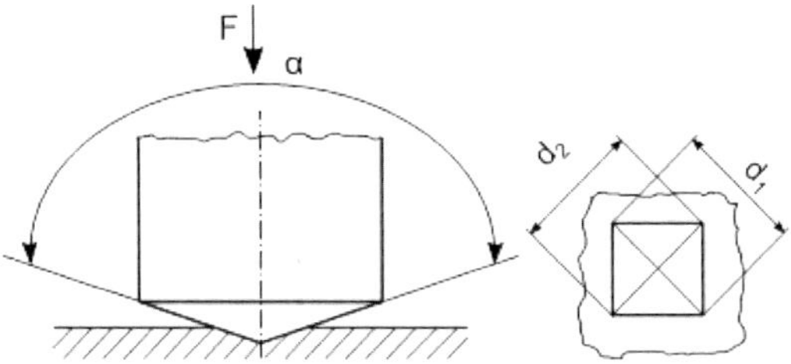

Abb. 2.5: Skizze. Prüfung und Auswertung nach VICKERS

Auf den Prüfkörper wird die Prüfkraft $F_{Prüf,V}$ aufgebracht, wobei der arithmetische Mittelwert d der Diagonalen d_1 und d_2 des zurückbleibenden Abdrucks in der Oberfläche nach Gl. (2.7) ausgewertet wird. Der Vorfaktor g_n = 9,81 dient ebenfalls der Umrechnung der Einheit Kilopond in Newton. Für die Prüfkräfte zur Ermittlung der Härte, Härteprüfung im Kleinkraftbereich und Mikrohärteprüfung werden ebenfalls Vorgaben gemacht (0,009807 ≤ $F_{Prüf,V}$ ≤ 980,7 N).

$$HV = \frac{1}{g_n} \cdot \frac{2F_{Prüf,V} \cdot sin(\alpha)}{d^2} \qquad \begin{aligned} HV &= Härte\ nach\ Vickers \\ F_{Prüf,V} &= Prüfkraft \\ \alpha &= Winkel\ des\ Eindringkörpers \\ d &= Mittelwert\ der\ Abdruckdiagonalen \end{aligned} \qquad (2.7)$$

Die Prüfkräfte müssen so gewählt werden, dass sich Diagonaleindrücke größer 0,020 mm ergeben.

Die Prüfungen nach BRINELL (beschrieben in der DIN EN ISO 6506-1 [DIN15a]) und ROCKWELL (beschrieben in der DIN EN ISO 6508-1 [DIN16]) funktionieren auf ähnliche Art und Wiese. Die Methoden unterscheiden sich in der Form der Eindringkörper, der aufgebrachten Kraft und der Haltezeit.

Eine von HABIG [Hab80] beschriebene Möglichkeit zur Ermittlung der Härte ist die Prüfung durch eine Tangentialbewegung des belasteten Eindringkörpers. Die Norm DIN EN 15771 [DIN10b] beschreibt das Ritzverfahren nach MOHS, wobei Mineralien definierter Härte über eine Oberfläche gezogen werden. Wie aus **Tab. 2.3** ersichtlich wird, erstreckt sich die Härteskala in ganzzahligen Schritten von eins bis zehn, wobei Talk die geringste und Diamant die größte Härte aufweist. Gemäß Norm wird bei der Bestimmung der Härte das zu prüfende Material mit konstantem Druck manuell mit einer scharfen Kante des Referenzmaterials beginnend mit Talk eingeritzt. Im Anschluss wird überprüft, ob eine Ritzspur im Material zu erkennen ist. Ist dies nicht der Fall, so wird der Vorgang mit dem nächsthärteren

Referenzmaterial wiederholt. Dem zu prüfenden Material wird der Härtewert zugeteilt, bei dem gerade noch keine Ritzspur zu erkennen ist. Eine andere Möglichkeit zur Bestimmung der Härte durch tangentiales Ritzen wird durch STÖFERLE und THEIMERT [Sto75] vorgestellt. Dabei wird die Oberfläche tangential mit einem doppelten Diamantkegel bei definierter Prüfkraft *N* belastet. Zur Auswertung ((2.8) wird die Eindringtiefe *t* der Ritzspur herangezogen.

Tab. 2.3: Härteskala nach MOHS gemäß [DIN10b]

Mineral	Härte nach Mohs
Talk	1
Gips	2
Kalkspat	3
Flussspat	4
Apatit	5
Feldspat	6
Quarz	7
Topas	8
Korund	9
Diamant	10

Mit Hilfe des Koeffizienten a und des Exponenten n kann Gl. (2.8) so angepasst werden, dass die Härte mit der Vickers Härte vergleichbar ist:

$$H_{ST} = \frac{F_{Prüf,S,T}}{a_S \cdot t^n} \left[\frac{dN}{mm^2}\right] \quad (2.8)$$

H_{ST} = Härte nach STÖFERLE und THIEMERT
$F_{Prüf,S,T}$ = Prüfkraft
t = Tiefe der Ritzspur
a = Anpassungskoeeffizient
n = Anpassungsexponent

An dieser Stelle weist HABIG darauf hin, dass insbesondere für kaltgewalzte Werkstoffe noch keine Untersuchungen mit dieser Härteprüfmethode vorliegen.

Bei der Härteprüfung durch impulsartige Beanspruchung wird die zu prüfende Oberfläche mit einem Körper definierter kinetischer Energie belastet. Hierfür wird oftmals ein Fallkörper benutzt, welcher auf die Oberfläche auftrifft und einen Abdruck hinterlässt. Zur Ermittlung der Härte kann die Fallenergie auf die Fläche des plastisch verformten Abdrucks bezogen werden. Im Gegensatz dazu beschreibt die Norm DIN EN ISO 16859-1 [DIN15b] ein Verfahren, welches die Geschwindigkeit eines Fallkörpers vor und nach dem Aufprall auf der Oberfläche zur Bestimmung der Härte heranzieht. Die beiden Geschwindigkeiten werden nach LEEB gemäß Gl. (2.9) ausgewertet, wobei v_a die Aufprall- und v_r die Rückprallgeschwindigkeit bezeichnet.

$$HL = \frac{v_r}{v_a} \cdot 1000 \quad (2.9)$$

HL = Härte nach LEEB
v_a = Aufprallgeschwindigkeit
v_r = Rückprallgeschwindigkeit

Die Bestimmung der Härte nach LEEB ist aufgrund der unkomplizierten Methode auch mit mobilen Messgeräten möglich. Des Weiteren wird die Oberfläche nur leicht verformt, so dass dieses Verfahren nahezu zerstörungsfrei ist.

Die oben genannten Eigenschaften treffen auch auf das Ultrasonic contact Impedance (UCI) Verfahren zu. Bei diesem durch die DIN 50159-1 [DIN15c] normierten Verfahren wird ein mit Ultraschall schwingender Stab, welcher mit einer VICKERS Spitze ausgestattet ist mit definierter Prüfkraft F auf die Oberfläche gedrückt. Beim Eindringen der Spitze in die Oberfläche ändert sich die Resonanzfrequenz des Stabes. Der Frequenzverschiebung Δf kann durch Kalibrierfunktionen, welche aus der Messung bekannter Oberflächen stammen, eine Härte zugeordnet werden.

2.1.5 Paarung

Die Kontaktpaarung von Rad und Schiene hat ebenfalls einen erheblichen Einfluss auf das tribologische Gesamtsystem. Wird beispielsweise eine Kugel auf einer Platte um ein gewisses Maß verschoben, so bewegt sich der Berührpunkt ebenfalls um den gleichen Betrag. Beim Kontakt von Rad und Schiene hingegen kommt es beim Querverschieben des Rades auf der Schiene zu Kontaktsprüngen. Folgende **Abb. 2.6** zeigt die Kontaktpunkte, welche sich in Abhängigkeit der Querverschiebung ohne vertikale Belastung des Rades einstellen.

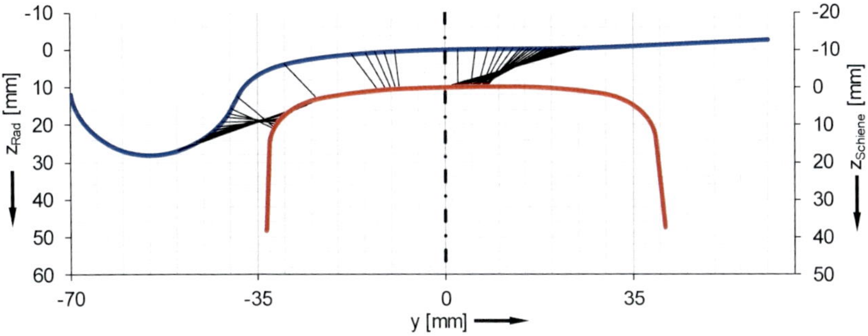

Abb. 2.6: Berührpunkte in Abhängigkeit der Querverschiebung

Aus der Abbildung ist zu erkennen, dass es sowohl Bereiche ohne als auch mit vielen Berührpunkten gibt. Zweipunktberührungen können bei zusätzlicher vertikaler Belastung des Rades oder bei der Fahrt durch enge Bögen auftreten. Zu einer gleichzeitigen Berührung an der Lauffläche und im Spurkranzbereich kommt es hauptsächlich im letzteren Fall.

2.2 Umgebungs- und Zwischenmedien

Aus der allgemeinen Beschreibung eines tribologischen Systems (Abb. 2.1) geht hervor, dass Zwischenmedien ebenfalls ein Bestandteil von diesem sind. Im Falle des Rad-Schiene Kontaktes ist eine Definition der Zwischenschicht oder des Umgebungsmediums sehr schwierig, da beide sehr stark von Umwelteinflüssen geprägt sind. In der Umgebungsluft enthaltener Sauerstoff kann zur Oxidation der Kontaktpartner führen. Weiterhin können Feuchtigkeit, Verschleißpartikel und Verschmutzungen wie organisches Material in Form von Laub der Zwischenschicht zugerechnet werden. Diese kraftschlussvermindernden Faktoren sind in der Regel nicht vorhersehbar. Zu den bewusst in den Kontakt und somit in die Zwischenschicht eingebrachten Bestandteilen werden Sand oder andere Streumittel wie Aluminiumoxid gezählt. Diese haben die Aufgabe, den Kraftschlussbeiwert zu verbessern, wobei bisher nur der Einsatz von Sand normativ geregelt ist.

Das UIC Merkblatt 541-05 [UIC16] beschreibt, wie die Prüfung der Gleitschutzanlage von Schienenfahrzeugen durchzuführen ist. Hier wird zum einen die experimentelle Vorgehensweise zur Simulation eines niedrigen Kraftschlussbeiwertes beschrieben. Hierfür kann entweder eine fettsäurehaltige oder eine tensidhaltige Wasserlösung eingesetzt werden, wovon etwa eine Austragsrate $0{,}1 \leq l \leq 0{,}2$ L/s vor dem Rad ausgebracht werden sollen. Die Sprühmittel gelten als geeignet, wenn sich ein Kraftschlussbeiwert $0{,}05 \leq f_x \leq 0{,}08$ einstellt. Zum anderen wird die Simulation eines extrem niedrigen Haftwertes beschrieben. Hierfür können Öl, Seife oder (nasse) Papierstreifen statt der Wasserlösung zum Einsatz kommen. Die Maßnahme gilt als geeignet, wenn der Anfangshaftwert $f_x \leq 0{,}03$ annimmt. Im Rahmen der jeweiligen Gleitschutzprüfung gibt die Norm zwei Möglichkeiten zur Bestimmung des (Anfangs-) Haftwertes an, bei der durch die Beziehung aus Gl. (2.10) der Anfangshaftwert als Fahrzeugverzögerung ausgedrückt werden kann.

$$f_x = \frac{m_{Fzg} \cdot a_{Fzg,m}}{m_{Fzg} \cdot g} = \frac{a_{Fzg,m}}{9{,}81\ {}^{m}/_{s^2}} \qquad (2.10)$$

f_x = Kraftschlussbeiwert in x-Richtung
m_{Fzg} = Fahrzeugmasse
$a_{Fzg,m}$ = mittlere Fahrzeugverzögerung
g = Erdbeschleunigung

Die andere Möglichkeit zur Bestimmung des (Anfangs-) Haftwertes ist die Berechnung der Bremskraft im Rad-Schiene Kontakt. Hierbei ist als kritisch anzusehen, dass bei Bremsen mit Reibpartnern der Reibkoeffizient zu jedem Zeitpunkt bekannt sein muss. Die Gültigkeit des Anfangshaftwertkriteriums wird gemäß **Abb. 2.7** überprüft. Zur Auswertung wird die Fahrzeugbeschleunigung im Zeitfenster um den Zeitpunkt des ersten signifikanten Schlupfbeginns ausgewertet und in (2.10. eingesetzt.

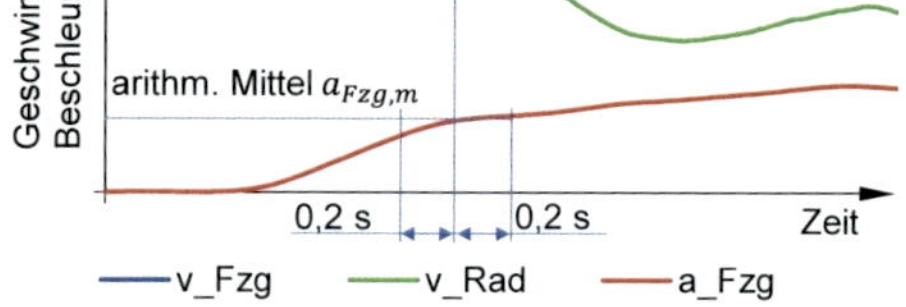

Abb. 2.7: Bestimmung des Anfangshaftwertes durch Auswertung der Verzögerung

Der bei diesen Versuchen ermittelte Anfangshaftwert kann zur Charakterisierung der Zwischenschicht genutzt werden

2.2.1 Flüssigkeitsreibung

Im Bereich der Flüssigkeitsreibung sind die beiden Kontaktpartner vollständig durch das Zwischenmedium getrennt. Für den Fall, dass die Viskosität des Zwischenmediums mit dem Druck ansteigt (wie es bei Öl der Fall ist), wird oftmals die Elastohydrodynamik (EHD) zur Berechnung des Druckes und der Schmierspalthöhe herangezogen. Im Gegensatz zur Hydrodynamik betrachtet die EHD-Theorie nicht nur die Vorgänge der Flüssigkeit im Spalt, sondern auch die elastische Verformung der beiden Kontaktpartner. Durch die hohe Viskosität des Zwischenmediums wird trotz der hohen Pressung ein trennender Schmierfilm aufgebaut. Die **Abb. 2.8** zeigt den Druckverlauf und die Spalthöhe im EHD-Kontakt. Es ist zu erkennen, dass sich die Kontaktpartner verformen und sich ein Spalt mit der Höhe h_0 ausbildet. Am Ende des Kontaktes verringert sich aufgrund der elastischen Rückfederung des Materials die Spalthöhe auf h_{min} und die Flüssigkeit staut sich auf, wodurch sich der Druck erhöht.

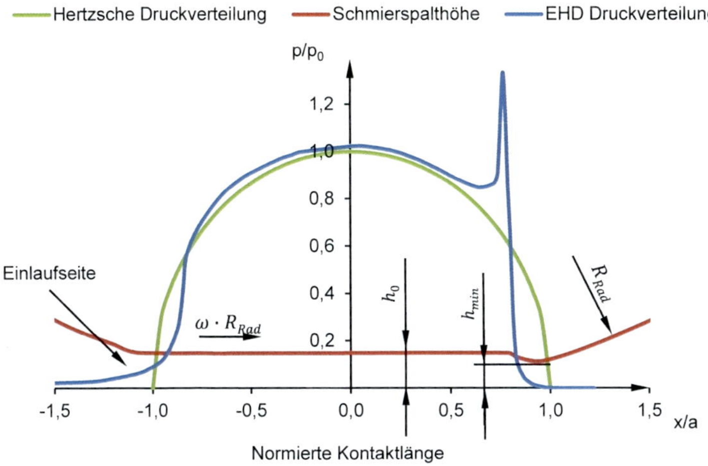

Abb. 2.8: Druckverlauf und Schmierspalt beim EHD-Kontakt [Top16]

Zur Beschreibung der Strömung im Schmierspalt wird die Reynoldsgleichung (Gl. (2.11)) herangezogen, welche sich nicht analytisch lösen lässt

$$\frac{\partial}{\partial x}\left(\frac{\rho_R \cdot h^3}{12 \cdot \eta_R} \cdot \frac{\partial p}{\partial x}\right) + \frac{\partial}{\partial y}\left(\frac{\rho_R \cdot h^3}{12 \cdot \eta_R} \cdot \frac{\partial p}{\partial y}\right) = \frac{u_1 + u_2}{2} \cdot \frac{\partial(\rho_R \cdot h)}{\partial x} + \frac{\partial(\rho_R \cdot h)}{\partial t} \qquad (2.11)$$

$p = Druck$
$t = Zeit$
$h = Schmierspalthöhe$
$\eta_R = Viskosität$
$\rho_R = Dichte$
$u_1, u_2 = Geschwindigkeit\ von\ Körper\ und\ Gegenkörper$

Diese Gleichung [Oer11] bilanziert die Flüssigkeitsbewegung und beschreibt den Druck p in Abhängigkeit des Ortes (x, y) und der Zeit t bei bekannter Schmierspalthöhe h. Die Geschwindigkeiten der Körper sind mit u_1 und u_2 gegeben, ρ_R beschreibt die Dichte der Flüssigkeit. Beim Kontaktauslauf zeigt sich die typische Druckspitze. Der verbleibende Druckverlauf entspricht etwa einer Druckverteilung nach HERTZ (vgl. Kap. 2.3).

Eine weitere Möglichkeit zur Abschätzung der Spalthöhe h_0 wird durch eine phänomenologische Näherungsgleichung (Gl. (2.12), [Che98]) gegeben.

$$h = (\alpha_1 \cdot G_{EHD}{}^{\alpha_2} \cdot U_{EHD}{}^{\alpha_3} \cdot W_{EHD}{}^{-\alpha_4}) \tag{2.12}$$

$h = Spalthöhe$
$\alpha_1 = Anpassungskoeffizient$
$G_{EHD} = dimensionsloser\ Materialparameter$
$U_{EHD} = dimensionsloser\ Geschwindigkeitsparameter$
$\alpha_{2,3,4} = Anpassungsexponent$
$W_{EHD} = dimensionsloser\ Lastparamenter$

Hierin sind G der Elastizitätsparameter, U der Geschwindigkeitsparameter und W der Lastparameter. Oben dargestellte Gl. (2.12) setzt eine Strömungsrichtung ausschließlich in Richtung der Relativgeschwindigkeit der beiden Kontaktpartner voraus, so dass die Verdrängung seitlich aus dem Kontakt nicht berücksichtigt wird. Es gilt zu klären, ob diese Voraussetzung beim Rad-Schiene Kontakt erfüllt ist.

2.2.2 Mischreibung

Sowohl die numerische als auch die empirische, oben beschriebene Lösung des EHD-Kontaktes setzt ideal glatte Oberflächen voraus, welche vollständig durch einen Schmierfilm getrennt sind (Flüssigkeitsreibung). Technische Oberflächen, wie die von Rad und Schiene, weisen hingegen Oberflächenrauheiten auf. Dies hat zum einen zur Folge, dass die Strömung der Flüssigkeit durch die Rauheitshügel beeinflusst wird, und zum anderen, dass es zur Berührung der Asperiten kommen kann. Somit sind die Oberflächen nicht mehr vollständig voneinander getrennt und es liegt Mischreibung vor.

Im Falle des Rad-Schiene Kontakts ist davon auszugehen, dass in den seltensten Fällen Flüssigkeitsreibung auftritt. Diese Vermutung ist durch die geringe Scherrate der im Kontakt vorzufindenden Zwischenmedien begründet. Handelt es sich hierbei etwa um Wasser, so kann ein tragender Flüssigkeitsfilm nur sehr geringe Schubspannungen übertragen. Des Weiteren kann eine niederviskose Flüssigkeit zügig aus dem Kontaktbereich verdrängt werden.

Nach dem Schema aus **Abb. 2.9** gibt CHEN [Che98] eine Möglichkeit zur Berechnung der Schmierfilmhöhe bei Mischreibung an. Bei diesem iterativen Verfahren wird eine initiale Höhe h_0 zwischen den Kontaktpartnern vorgegeben.

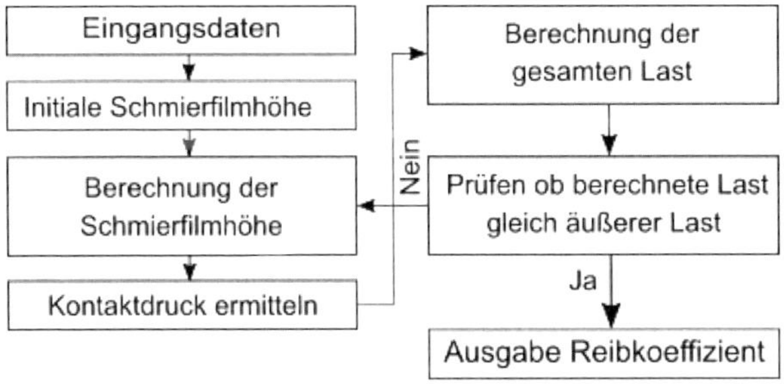

Abb. 2.9: Iteration der Schmierfilmhöhe nach CHEN

Anschließend wird in Anlehnung an (2.12 eine Schmierfilmhöhe berechnet und die Ausgangshöhe h_0 korrigiert. Daraufhin wird der Kontaktdruck der Flüssigkeit ermittelt. Aus der Summe von Festkörper- und Flüssigkeitstraganteil wird die gesamte auf den Kontakt wirkende Last ermittelt. Je nachdem ob diese größer oder kleiner als die wirklich einwirkende Last ist, wird der Abstand vergrößert oder verringert. Diese Rechnung wird so lange fortgeführt, bis die berechnete Last mit der tatsächlich vorliegenden Last (genügend) übereinstimmt.

2.3 Kräfte im Rad-Schiene Kontakt

Die in den Kontakt eingeleitete Energie bestimmt im Wesentlichen das Beanspruchungskollektiv. Dieser Energieeintrag wird durch die Relativbewegung und der tangentialen Kraftschlusskraft im Kontakt bestimmt. Die Belastung im Rad-Schiene Kontakt setzt sich aus einer Kraft normal und tangential zur Berührfläche zusammen. Die Normalkraft resultiert aus der Gewichtskraft des Fahrzeugs und den aus der Vertikaldynamik entstehenden Kräften. Tangential wirken Kraftschlusskräfte, welche u. a. von der Normalkraft abhängen.

Normalkontakt

Da es sich sowohl beim Rad als auch bei der Schiene nicht um starre, sondern elastische Körper handelt, entsteht bei der Berührung beider Körper eine Kontaktfläche. Darüber hinaus findet eine zum größten Teil senkrecht zur Kontaktfläche ausgerichtete Stauchung beider Körper statt. Wird davon ausgegangen, dass die Ausdehnung des Körpers senkrecht zur Kontaktfläche um ein Vielfaches größer ist als die Ausdehnung der Fläche selbst, so ist eine Bedingung für die Anwendung der Halbraumtheorie erfüllt. Diese Art von Normalkontaktproblem wurde von HERTZ [Her81] für die Berührung allgemeiner nichtkonformer Kontakte gelöst. Bei der Berührung zweier allseitig gekrümmter Körper (siehe **Abb. 2.10**) bildet sich eine ellipsenförmige Berührfläche mit den Halbachsen a und b, wobei a in diesem Fall die längere Halbachse bezeichnet.

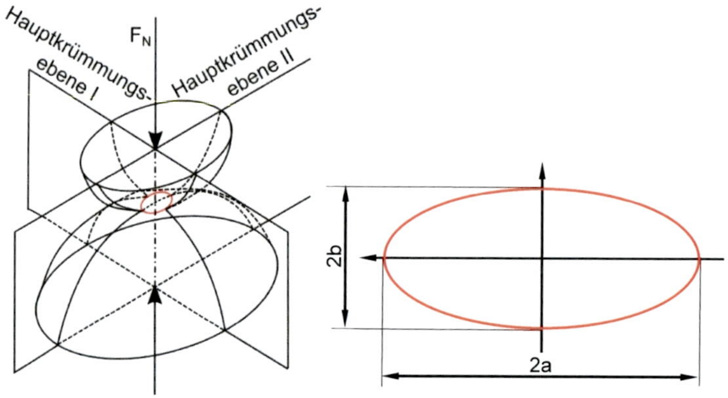

Abb. 2.10: Berührung zweier allseitig gekrümmter Körper

Die Berechnung der Halbachsen in Abhängigkeit der aufgebrachten Normalkraft F_n, dem E-Modul E_i und der Querkontraktionszahl ν_i des jeweiligen Körpers i erfolgt nach Gl. (2.13)

$$2a = 2\xi_{Hertz} \cdot \sqrt[3]{\frac{3F_N}{2\sum\rho}\left(\frac{(1-\nu_1)^2}{E_1}\right)+\left(\frac{(1-\nu_2)^2}{E_2}\right)} \tag{2.13}$$

und Gl. .

$$2b = 2\eta_{Hertz} \cdot \sqrt[3]{\frac{3F_N}{2\sum\rho}\left(\frac{(1-\nu_1)^2}{E_1}\right)+\left(\frac{(1-\nu_2)^2}{E_2}\right)} \tag{2.14}$$

$a = Eillipsenhalbmesser$
$b = Ellipsenhalbmesser$
$F_N = Normalkraft$
$\Sigma\rho = Summe\ der\ Krümmungen$
$E_{1,2} = E - Modul\ des\ jeweiligen\ Körpers$
$\nu_{1,2} = Querkontraktionszahl\ des\ jeweiligen\ Körpers$
$\xi_{Hertz}, \eta_{Hertz} = krümmungsabhängige\ Koeffizienten$

Die Koeffizienten ξ und η sind abhängig von den Krümmungen (Tab. A.2) der Körper ρ_i, wobei die Krümmung für konkave Oberflächen negativ einzusetzen ist. Die Größe der Kontaktfläche A folgt aus Gl. (2.15) und die Abplattung δ aus Gl. (2.16).

$$A = \pi ab = \pi\xi\eta \cdot \sqrt[3]{\left[\frac{3F_N}{\sum\rho}\left(\frac{(1-\nu)^2}{E_1}\right)+\left(\frac{(1-\nu)^2}{E_2}\right)\right]^2} \tag{2.15}$$

Hierin ist der Ausdruck ψ/ξ ebenfalls eine Größe in Abhängigkeit der Krümmungen.

$$\delta = \frac{\psi}{\xi}\sqrt[3]{\frac{F_N^2\sum\rho}{12}\left[\left(\frac{(1-\nu)^2}{E_1}\right)+\left(\frac{(1-\nu)^2}{E_2}\right)\right]^2} \tag{2.16}$$

Die Verteilung der Pressung kann nach HERTZ als halber Ellipsoid angenommen werden, bei dem das Maximum p_{max} (Gl. (2.17)) in der Mitte der Kontaktellipse liegt.

$$p_{max} = \frac{1{,}5F_N}{A} \tag{2.17}$$

Bei der oben gezeigten Berechnung der Pressung zwischen zwei Körpern wird von einer ideal glatten Oberfläche ausgegangen. Sollen hingegen Oberflächenrauheiten mitberücksichtigt werden, so ist dies nach BARTEL [Bar10] mit der Anwendung der Potentialtheorie möglich. Die nachfolgende von LOVE [Lov29] hergeleitete Gl. (2.18) beschreibt die elastische Verformung w_{el} an der Stelle x, y aufgrund einer Pressung am Ort x', y'.

$$w_{el}(x,y) = \frac{1-\nu^2}{\pi \cdot E} \iint \frac{p(x',y')dx'dy'}{\sqrt{(x-x')^2+(y-y')^2}} \tag{2.18}$$

$w_{el} = elastische\ Verformung$
$E = Elastizitätsmodul$
$\nu = Querkontraktionszahl$
$x, y\ =\ Koordinaten\ der\ veformten\ Stelle$
$x', y'\ =\ Koordinaten\ der\ Druckbelastung$

Hier werden zwei Körper aus gleichem Material mit dem E-Modul E und der Querkontraktionszahl ν betrachtet. Da eine analytische Lösung dieser Gleichung nicht möglich ist, wird die betrachtete Oberfläche in diskrete Teile aufgeteilt, um somit eine numerische Lösung der Gleichung zu ermöglichen. Durch das Umstellen der Gl. (2.18)zu Gl. (2.19) kann der erste Faktor durch die Einsatzzahl $C(x,y,x',y')$ ersetzt werden.

$$w_{el}(x,y) = \frac{1-\nu^2}{\pi \cdot E} \iint \frac{dx'dy'}{\sqrt{(x-x')^2+(y-y')^2}} \cdot p(x',y') \tag{2.19}$$

Somit ergibt sich Gl. (2.19) zu Gl. (2.20).

$$w_{el}(x,y) = C(x,y,x',y') \cdot p(x',y') \tag{2.20}$$

Die Einsatzzahl $C_L(x,y,x',y')$ berechnet sich gemäß Gl. (2.21), wobei der Betrag der Differenz von x und x' als $\bar{x}$ und der Betrag der Differenz von y und y' als $\bar{y}$ in die Gleichung eingeht.

$$C_L(x,y,x',y') = \frac{1-\nu^2}{\pi \cdot E} \cdot \left\{ \begin{matrix} (\bar{x}+c) \cdot ln \left[\dfrac{(y+d)+\sqrt{(\bar{y}+d)^2+(\bar{x}+c)^2}}{(y-d)+\sqrt{(\bar{y}-d)^2+(\bar{x}+c)^2}} \right] + \\ (\bar{y}+d) \cdot ln \left[\dfrac{(\bar{x}+c)+\sqrt{(\bar{y}+d)^2+(\bar{x}+c)^2}}{(\bar{x}-c)+\sqrt{(\bar{y}+d)^2+(\bar{x}-c)^2}} \right] + \\ (\bar{x}-c) \cdot ln \left[\dfrac{(\bar{y}-d)+\sqrt{(\bar{y}-d)^2+(\bar{x}-c)^2}}{(\bar{y}+d)+\sqrt{(\bar{y}+d)^2+(\bar{x}-c)^2}} \right] + \\ (\bar{y}-d) \cdot ln \left[\dfrac{(\bar{x}-c)+\sqrt{(\bar{y}-d)^2+(\bar{x}-c)^2}}{(\bar{x}+c)+\sqrt{(\bar{y}-d)^2+(\bar{x}+c)^2}} \right] \end{matrix} \right\} \tag{2.21}$$

Wird die Fläche in Rechtecke mit den Kantenlängen Δx und Δy aufgeteilt, so bezeichnen c und d die Hälfte der Kantenlängen. Die Ermittlung der Kontaktspannung erfolgt iterativ durch die Annäherung der beiden Körper. Anschließend wird die Pressung so lange variiert, bis die vorgegebene Annäherung erreicht wird. Durch Summation der Pressungen der einzelnen Rechtecke kann die gesamte auf die beiden Körper wirkende Kraft ermittelt werden. Ist diese größer als die tatsächlich wirkende Kraft, so wurde eine zu große Annäherung gewählt und umgekehrt.

Zur Optimierung des Zeitaufwandes der Berechnung kann die Iteration mit der Summenoberfläche der beiden Körper durchgeführt werden (Gl. (2.22)).

$$w_{el,sum}(x,y) = w_{el,1}(x,y) + w_{el,2}(x,y) \tag{2.22}$$

Das Verhältnis der beiden Annäherungen wird durch Gl. (2.23) gegeben.

$$\frac{w_{el,1}(x,y)}{w_{el,2}(x,y)} = \frac{E_2(1-\nu_1^2)}{E_1(1-\nu_2^2)} \tag{2.23}$$

Die hier beschriebene Berechnung der Kontaktspannung und Annäherung zweier Körper ist lediglich für rein elastisches Material gültig. BARTEL gibt hierfür Methoden zur Berücksichtigung von linearplastisch-idealelastischem Werkstoffverhalten an.

Zur Berechnung der Kontaktspannung im Rad-Schiene Kontakt löst KALKER das Problem des Normalkontakts ebenfalls durch die Anwendung der Potentialtheorie. In [Kal90] stellt er hierfür den Algorithmus NORM vor. In folgender **Abb. 2.11** ist die Pressung einer Kugel (R = 300 mm) auf eine ebene Fläche dargestellt. Durch die Belastung der Kugel mit F = 5 kN ergibt sich eine runde Kontaktfläche mit einer ellipsoidförmigen Verteilung der Pressung. Der Gitterabstand, welcher dieser Berechnung zugrunde liegt, beträgt Δx = Δy = 0,1 mm. Hieraus ergibt sich eine maximale Pressung p_{max} = 407,5 N/mm².

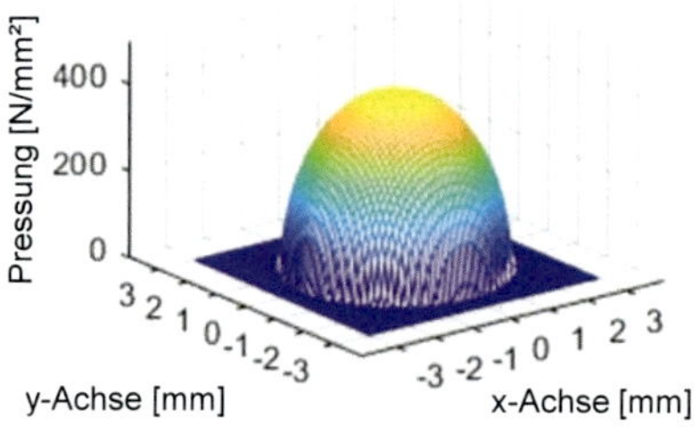

Abb. 2.11: Berührung zweier allseitig gekrümmter Körper [Dre16]

Abschließend sei auf die Modellierung der Normalspannung im Kontakt durch die Finite-Elemente-Methode (FEM) hingewiesen. Hierbei wird der zu betrachtende Körper vernetzt und in kleine Elemente, beispielsweise Tetraeder-, oder Quaderelemente aufgeteilt. Für den so diskretisierten Körper wird eine Steifigkeitsmatrix K aufgestellt, wodurch sich die Verschiebungen u der einzelnen Knotenpunkte aufgrund einer äußeren Last f bestimmen lassen.

$$K \cdot u = f \tag{2.24}$$

Aus den so ermittelten Verschiebungen wird auf die Spannungen innerhalb des Bauteils geschlossen. Je nach Betrachtungsweise und Materialeigenschaften kann dieser Ausdruck noch um einen geschwindigkeitsabhängigen dämpfungs- und einen beschleunigungsabhängigen Trägheitsanteil erweitert werden.

$$M \cdot \ddot{u} + C \cdot \dot{u} + K \cdot u = f \tag{2.25}$$

DÖRNER [Doe16] nutzt diese Methode, um den Rad-Schiene Normalkontakt hinsichtlich der Sensitivität verschiedener Einflussgrößen zu erforschen. Hierbei hat sich gezeigt, dass sich nicht an jeder Position eine ellipsenförmige Kontaktfläche ausbildet. Insbesondere bei größeren Verschiebungen des Rades aus der Mitte der Schiene sind nicht-elliptische Formen zu erkennen.

Tangentialkontakt

Die Tangentialkraft resultiert aus dem Schlupf zwischen Rad und Schiene, welcher einerseits durch das Aufprägen von Antriebs- und Bremskräften entsteht, andererseits durch die Kinematik des Radsatzes im Spurkanal. Der Schlupf (Gl. (2.26)) ist ein dimensionsloser Wert, welcher aus der Differenz zwischen Radumfangs- und Fahrzeuggeschwindigkeit bezogen auf eine Referenzgeschwindigkeit gebildet wird.

$$s = \frac{v_{Rad} - v_{Fzg}}{v_{ref}} \tag{2.26}$$

Als Referenzgeschwindigkeit kommen sowohl die Radumfangs- als auch die Fahrzeuggeschwindigkeit in Betracht. In den Extremfällen Gleiten (bewegtes Fahrzeug - stehendes Rad) und Schleudern (stehendes Fahrzeug - drehendes Rad) ist die jeweilige Funktion nicht definiert. Aus diesem Grund wird oftmals die mittlere Geschwindigkeit als Referenzgeschwindigkeit gewählt (Gl. (2.27)) [Kno03].

$$s = 2 \cdot \frac{v_{Rad} - v_{Fzg}}{v_{Rad} + v_{Fzg}} \tag{2.27}$$

Im Gegensatz zur reinen Haft- oder Gleitreibung teilt sich die oben beschriebene Kontaktfläche sowohl in ein Haft-, als auch ein Gleitgebiet auf. Zur Veranschaulichung soll die vereinfachte Theorie nach KALKER in Form des Bürstenmodells dienen [Kal73]. Bei der Bewegung des Rades ($\Omega \cdot r$) unter Einwirkung einer äußeren Last (beispielsweise Traktions- oder Bremskraft) werden die Borsten unter Schub verformt und belastet (siehe **Abb. 2.12**). Mit der Annahme einer endlichen Anzahl von Borsten in einem Abstand $\Delta\xi$, wird die erste Borste im Einlauf des Kontaktes um das Maß Δu verformt. Die Verformung der Borsten nimmt linear $\frac{\Delta u}{\Delta\xi}$ vom Einlauf zum Auslauf zu.

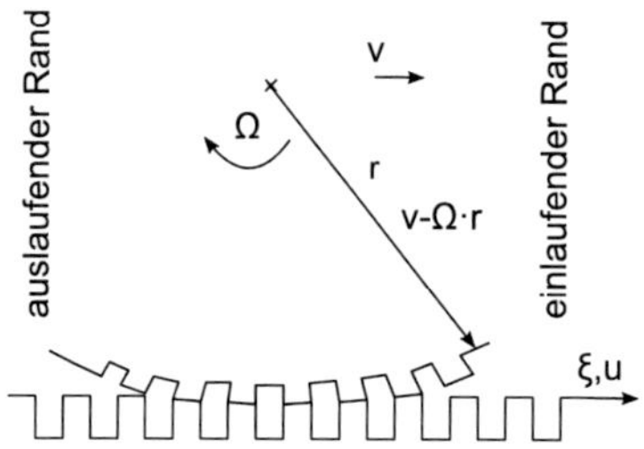

Abb. 2.12: Bürstenmodell [Kno03]

Der Gradient der Verformung ist proportional zum Schlupf (Gl. (2.28)), woraus folgt:

$$\frac{\Delta u}{\Delta\xi} = \frac{v_{Rad} - v_{Fzg}}{v_m} = 2 \cdot \frac{\Omega \cdot r - v_{Fzg}}{\Omega \cdot r + v_{Fzg}} \tag{2.28}$$

$\Delta\xi = Abstand\ der\ Borsten$
$\Delta u = Verformung\ der\ Borsten$
$\Omega = Winkelgeschwindigkeit\ des\ Rades$
$r = Radradius$
$v_{Fzg} = Fahrzeuggeschwindigkeit$

Die Schubspannung T_{haft} am Ende der Borsten kann maximal die Größe T_{gleit} annehmen. Wird diese Spannung überschritten, so tritt Gleiten auf. Weiterhin wird ein proportionaler Zusammenhang zwischen der Schubspannung und der Verformung der Borste unterstellt, woraus sich Gl. (2.29) ergibt.

$$\Gamma(\xi) = \frac{u(\xi)}{\mathrm{L}} \tag{2.29}$$

$\Gamma = Schubspannung$
$L = Borstensteifigkeit$

Der Verlauf der Normalspannung wird parabolisch beschrieben, somit folgt für die maximal übertragbare Schubspannung Gl. (2.30).

$$T_{max}(\xi) = \mu \frac{2F_N}{ab\pi} \cdot \left(1 - \frac{\chi^2}{a^2}\right) \tag{2.30}$$

$T_{max} = maximale\ Schubspannung$
$\mu = Gleitreibkoeffizient$
$F_N = Normalkraft$
$a, b = Ellipsenhalbmesser$
$\chi = Position\ in\ Längsrichtung\ innerhalb\ des\ Kontaktes$

Aus diesen Überlegungen resultiert, dass die Tangentialspannung im Haftgebiet bis zum Erreichen der maximal möglichen Schubspannung T_{max} linear ansteigt und im Gleitgebiet T_{max} entspricht. Der sich einstellende Kraftschluss über dem Schlupf ist qualitativ in **Abb. 2.13** dargestellt.

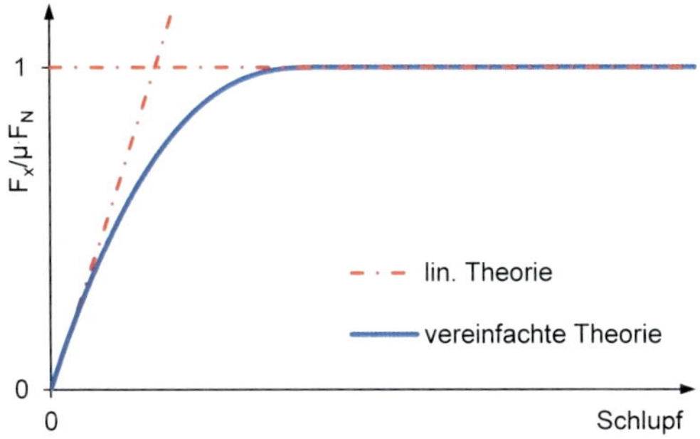

Abb. 2.13: Qualitative Darstellung von Kraftschluss über Schlupf

CARTER [Car26] beschreibt den Verlauf der Schubspannung für den 2-dimensionalen Linienkontakt als Differenz zweier Kreise. Die maximal übertragbare Schubspannung $p_0 \cdot \mu_{gleit}$ ergibt sich in diesem Fall zu (2.31 (2.31) (siehe **Abb. 2.14**, gepunktete Kurve).

$$\mathrm{T}_{max}(\xi) = \mu_{Gleit} \frac{p_0}{\mathrm{a}} \cdot \sqrt{a^2 - \xi^2} \quad (2.31)$$

Der Durchmesser der zweiten Kreisfläche a_{haft} (vgl. Abb. 2.14, gestrichelte Kurve), welche von der ersten Kreisfläche abgezogen wird, weist einen kleineren Durchmesser als der Kreis der maximal übertragbaren Schubspannung auf. Weiterhin ist der Mittelpunkt des zweiten Kreises so gewählt, dass sich beide Kreise im Einlauf des Kontaktes schneiden. Der Haftbereich entspricht der Fläche des kleineren Kreises, woraus der lokale Schlupf $s_{lokal} = 0$ für diesen Teil des Kontaktes folgt. Der lokale Schlupf beschreibt die Bewegungsverhältnisse im Kontakt, wohingegen sich der (globale) Schlupf auf das Verhältnis der Geschwindigkeiten von Rad und Schiene bezieht.

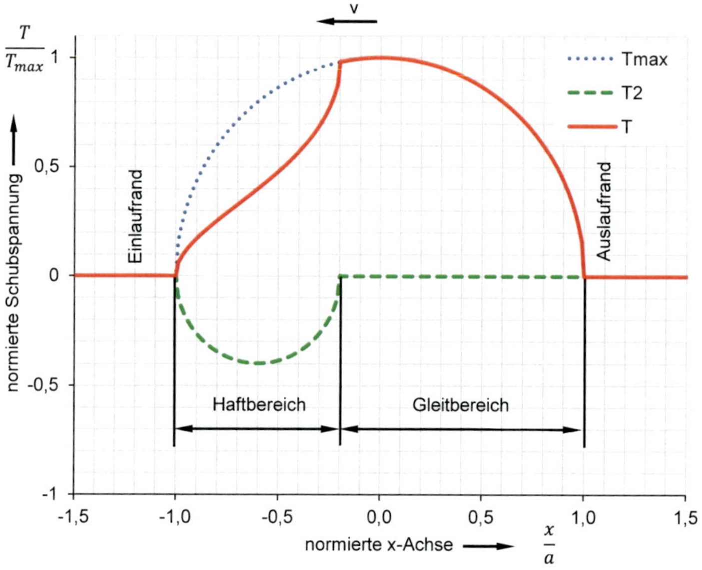

Abb. 2.14: Normierte Tangentialspannungsverteilung nach CARTER

Im Falle des Antreibens wird das Rad vor dem Einlauf gestaucht und der lokale Schlupf sinkt vom globalen Schlupf s bis auf $s_{lokal} = 0$. Im Gleitbereich steigt der lokale Schlupf bis zum Kontaktauslauf auf einen Wert größer des globalen Schlupfes. Nach dem Kontakt nähert sich der lokale Schlupf dem globalen Schlupf wieder asymptotisch an. CARTER gibt für den (globalen) Schlupf die Beziehung gemäß (2.32 an.

$$s = 4(1 - \nu)\frac{\mu p_0}{E}\left(1 - \frac{a_{haft}}{a}\right) \tag{2.32}$$

$s = Schlupf$
$\nu = Querkontraktionzahl$
$\mu = Gleitreibkoeffizient$
$p_0 = Pressung$
$E = Elastizitätsmodul$
$a_{haft} = Längsausdehnung\ des\ Haftbereichs$
$a = Längsausdehniung\ der\ Kontaktfläche$

Aus dieser Annahme folgt aus Gl. (2.32) für vollständiges Gleiten, bzw. Sättigung bei $a_{haft} = 0$ Gl. (2.33):

$$s_{sat} = 4(1 - \nu)\frac{\mu p_0}{E} \tag{2.33}$$

Die im Kontakt in Längsrichtung maximal übertragbare Kraft F_x ergibt sich aus der Integration der Schubspannung. Aus Abb. 2.14 wird deutlich, dass die Tangentialkraft F_x mit zunehmendem Schlupf ansteigt und sein Maximum bei gerade vollständigem Gleiten (s_{sat}) erreicht. Für den Kraftschlussbeiwert f_x folgt für den Bereich $0 \leq s$ s_{sat} Gl. (2.34).

$$\mathrm{f}_x = \frac{F_x}{F_N} = \mu \cdot \left(1 - \left(1 - \frac{s}{s_{sat}}\right)^2\right) \tag{2.34}$$

$f_x = Kraftschlussbeiwert$
$F_x = Im\ Kontakt\ übertragende\ Längskraft$
$F_N = Normalkraft$
$\mu = Gleitreibkoeffizient$
$s = Schlupf$
$s_{sat} = Schlupf\ bei\ gerade\ vollständigem\ Gleiten$

Für $s > s_{sat}$ hingegen wird ein konstanter Kraftschlussbeiwert gemäß Gl. (2.35) angenommen.

$$\mathrm{f}_x = \frac{F_x}{F_N} = \mu \tag{2.35}$$

Die vorangegangenen Darstellungen beschreiben den Rad-Schiene Kontakt als 1-dimensionales Kontaktproblem. KALKER [Kal90] hingegen beschreibt den Kontakt als 3-dimensionales Problem. Mit der linearen Theorie gibt er einen Zusammenhang zwischen den Kräften sowie dem Bohrmoment im Kontakt und den Schlüpfen in Abhängigkeit der Ausdehnung der Kontaktellipse (mit den Halbmessern a und b, wobei a immer die Ausdehnung in Längsrichtung beschreibt), des Schubmoduls G und der „Kalkerkoeffizienten" C_{ij}.

$$\begin{Bmatrix} \mathrm{F}_x \\ \mathrm{F}_y \\ M_z \end{Bmatrix} = Gab \cdot \begin{bmatrix} C_{11} & 0 & 0 \\ 0 & C_{22} & C_{11} \\ 0 & \sqrt{ab} \cdot C_{23} & abC_{33} \end{bmatrix} \cdot \begin{Bmatrix} \mathrm{s_x} \\ \mathrm{s_y} \\ \mathrm{s_z} \end{Bmatrix} \tag{2.36}$$

Die Koeffizienten wiederum sind Funktionen in Abhängigkeit des Halbachsenverhältnisses und der Querkontraktionszahl ν (vgl. **Abb. A.5**) im Anhang.

Eine weitere Möglichkeit zur Lösung des Tangentialkontaktproblems wird von KALKER durch den Algorithmus TANG [Kal90] gegeben. Hierbei wird – ähnlich wie bei dem Algorithmus NORM – der Einfluss der Verschiebungen in tangentiale Richtungen aufgrund von Schubspannungen mit Hilfe von Einsatzzahlen beschrieben. Hierfür wird die Kenntnis über die Normalspannungsverteilung vorausgesetzt. Die Berechnung kann mit NORM oder der Kombination beider Programme – KOMBI [Kal90] – durchgeführt werden. Die so bestimmte Geschwindigkeits- und Schubspannungsverteilung ist exemplarisch in **Abb. 2.15** dargestellt. Hierbei ist als vorteilhaft zu werten, dass auch nicht-elliptische Kontaktflächen berechnet werden können.

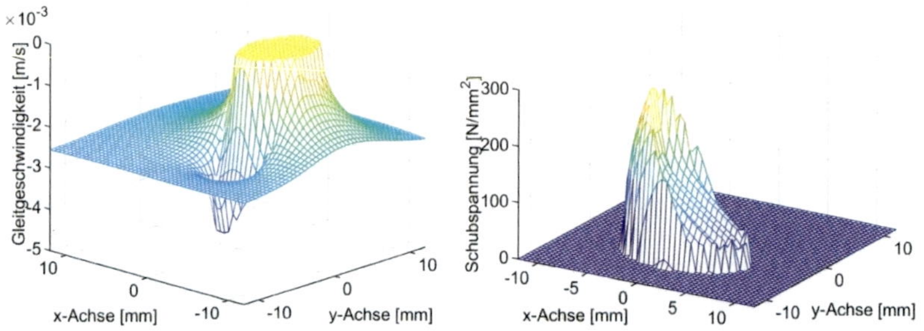

Abb. 2.15: Geschwindigkeits- und Schubspannungsverteilung berechnet mit TANG [Dre16]

Grundsätzlich ist diese Methode für die Ermittlung der Kontaktkräfte mit einem hohen Zeitaufwand verbunden. In [Kal82] stellt KALKER den Algorithmus FASTSIM vor, welcher wesentlich schneller als KOMBI ist. Dieser beruht auf den Überlegungen der vereinfachten Theorie. In [Kal90] (siehe **Abb. 2.16**) vergleicht KALKER die Ergebnisse der Kraftschlussermittlung mittels CONTACT (Lösung nach der exakten Theorie) und FASTSIM.

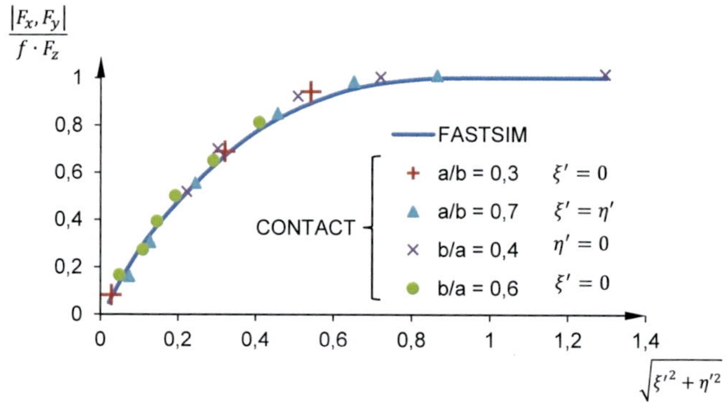

Abb. 2.16: Vergleich zwischen CONTACT und FASTSIM [Kal90]

Aus diesem Vergleich wird ersichtlich, dass die Abweichung im Vergleich zur exakten Theorie zu Gunsten einer kürzeren Rechenzeit akzeptabel ist.

2.4 Erweiterte Kraftschlussmodelle

Aus den vorherigen Darstellungen wird deutlich, dass der Rad-Schienen Kontakt als tribologisches System betrachtet werden kann. Zur möglichst realistischen Beschreibung der Verhältnisse zwischen Rad und Schiene unter verschiedenen Einflüssen werden Kontaktmodelle gebildet. Von einer Vielzahl solcher in der Literatur vorzufindenden Modelle werden hier zwei exemplarisch vorgestellt.

Das von TOMBERGER entwickelte Kontaktmodell [Tom09] beschreibt die Vorgänge im Rad-Schiene Kontakt. Insbesondere die fluide Zwischenschicht, die Temperatur und die Oberflächenrauheit finden Berücksichtigung. Hierfür unterteilt TOMBERGER das Modell in fünf Teilmodelle (siehe **Abb. 2.17**), welche sich z.T. gegenseitig beeinflussen. Als Ergebnis werden die Reibkräfte und der Wärmefluss in Rad und Schiene ausgegeben.

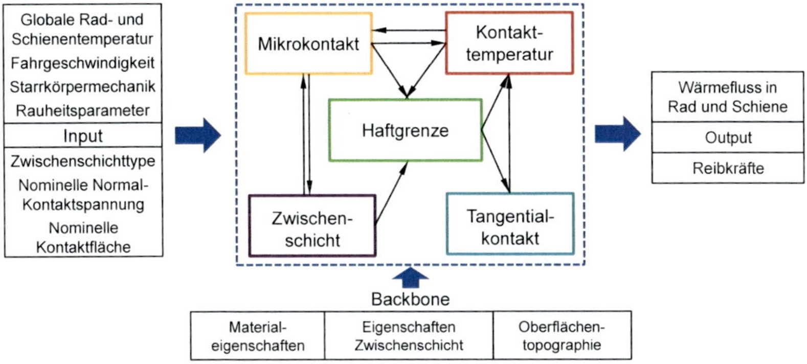

Abb. 2.17: Übersicht der Teilmodelle des Kraftschlussmodells nach [Tom09]

Der Normalkontakt wird nach der Theorie von HERTZ nachgebildet, wobei abweichend zu HERTZ die Pressungsverteilung durch einen parabelförmigen Verlauf nachgebildet wird. Dieser Verlauf weist – im Gegensatz zum elliptischen Verlauf – keinen unendlich steilen Gradienten am Einlaufrand auf. Das Tangentialkontaktmodell basiert auf der Winklerschen Bettung, welche einen proportionalen Zusammenhang zwischen lokaler Verformung und Tangentialspannung annimmt. Hierbei werden die Tangentialsteifigkeiten von KALKER übernommen (vgl. Kap. 2.3). Das Temperaturmodell basiert auf der Annahme zweier unendlicher Halbräume, wobei die Reibleistung an den Asperitenkontakten umgesetzt wird. Anschließend wird mittels Einsatzzahl der Einfluss dieses lokalen Energieeintrags (in einem diskreten Flächenelement) auf die anderen Flächenelemente bestimmt. Da somit die Temperaturleitung in der Kontaktfläche berücksichtigt wird, können Vorgänge mit niedriger Peclèt-Zahl, wie vollständig gleitende oder blockierende Räder abgebildet werden.

Die Oberflächenrauheit wird gemäß dem Model von ZHAO, MAIETTA und CHANG (ZMC-Modell) [Zha00] dargestellt. Hierbei werden die Asperiten als statistisch normalverteilt angenommen. Die Zwischenschicht wird mit Hilfe der REYNOLDS-Gleichung berechnet. Die Berechnung der Schmierspalthöhe erfolgt iterativ im Zusammenwirken mit dem (ZMC-) Mikrokontaktmodell. Somit gibt dieses Modell die Möglichkeit Reibkräfte in Abhängigkeit verschiedener Einflussgrößen zu bestimmen.

Im Gegensatz zu dem von TOMBERGER vorgestellten Modell beschreibt VIERECK [Vie08] die Phänomene im Kontakt als dynamisches Modell. Dieses Modell zeichnet sich dadurch aus, dass das Ergebnis in Form des (reduzierten) Kraftschlussbeiwertes wieder als Eingangsgröße für das Modell genutzt wird (vgl. **Abb. 2.18**). Als Eingangsgrößen werden die Geschwindigkeiten von Rad und Schiene sowie die Flächenpressung im Kontakt herangezogen. Aus den Geschwindigkeiten und der Temperatur wird der Kraftschlussbeiwert des trockenen Kontakts nach dem Modell von POLACH [Pol05] berechnet. Die Temperatur wird nach den Überlegungen von ERTZ [Ert03] unter Berücksichtigung der Flächenpressung und des reduzierten Kraftschlussbeiwerts bestimmt. Zusammen mit einem Reduktionsfaktor, welcher das Verhältnis der Rauheit und der Fremdschichthöhe berücksichtigt, wird aus dem „trockenen" Kraftschluss ein reduzierter Kraftschluss gebildet [Hae96]. Die Fremdschichthöhe wird maßgeblich von den Geschwindigkeiten, der Zwischenschichtviskosität und der Flächenpressung beeinflusst. Die Berechnung erfolgt nach der EHD-Theorie (vgl. Kap. 2.2.1). Die Viskosität hängt wiederum umgekehrt proportional von der Temperatur ab. Das Kraftschlussmodell erster Ordnung setzt eine konstante Rauheit voraus. Das Modell zweiter Ordnung sieht eine veränderliche Rauheit in Abhängigkeit des Verschleißes vor.

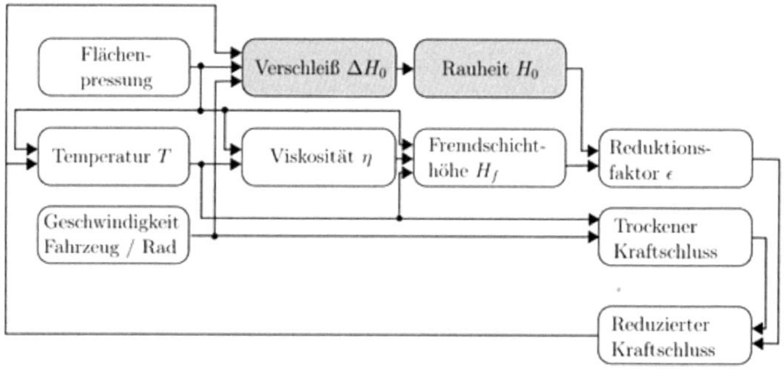

Abb. 2.18: Dynamisches Kraftschlussmodell erster und zweiter Ordnung nach [Vie08]

Der Verschleiß wird als Funktion der Flächenpressung, der Geschwindigkeiten und des reduzierten Kraftschlusses dargestellt. Das von VIERECK vorgestellte Modell bietet eine effiziente Möglichkeit charakteristische Prozesse des Rad-Schiene Kontaktes abzubilden. Ein weiteres Merkmal dieses Modells ist die Möglichkeit das im ORE-Bericht B164 [ORE90] dargestellte zweite Kraftschlussmaximum nachzubilden. In diesem Bericht werden die Ergebnisse der experimentellen Untersuchengen vorgestellt, welche das Ziel hatten, den Kraftschluss beim Bremsen optimal auszunutzen. **Abb. 2.19** zeigt eine Kraftschluss-Schlupf Funktion vom Typ „B" mit zweitem Kraftschlussmaximum.

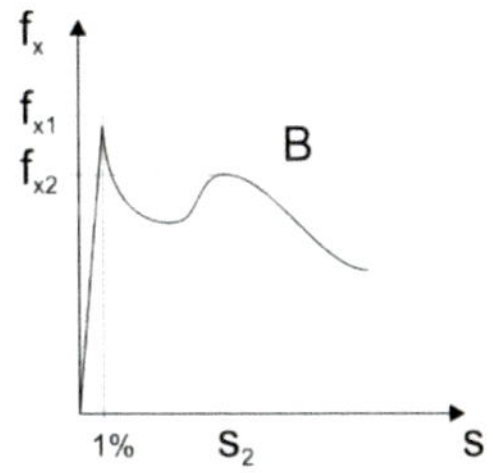

Abb. 2.19: Kraftschluss-Schlupffunktion Typ B [Vie08]

Die Untersuchungen haben gezeigt, dass durch das Einbringen von Energie in Form von Gleitreibung der Kraftschluss hin zum zweiten Maximum erhöht und der Kontakt somit konditioniert werden kann.

2.5 Härtesteigerung durch Walzen

Die Norm DIN 8580 [DIN03a] unterteilt die Fertigungsverfahren (vgl. **Abb. 2.20**) in sechs Hauptgruppen, wobei die zweite Hauptgruppe den Bereich des Umformens beschreibt. Hierin befasst sich die erste Gruppe mit den Verfahren des Druckumformens, wozu das Walzen (erste Untergruppe) gezählt wird.

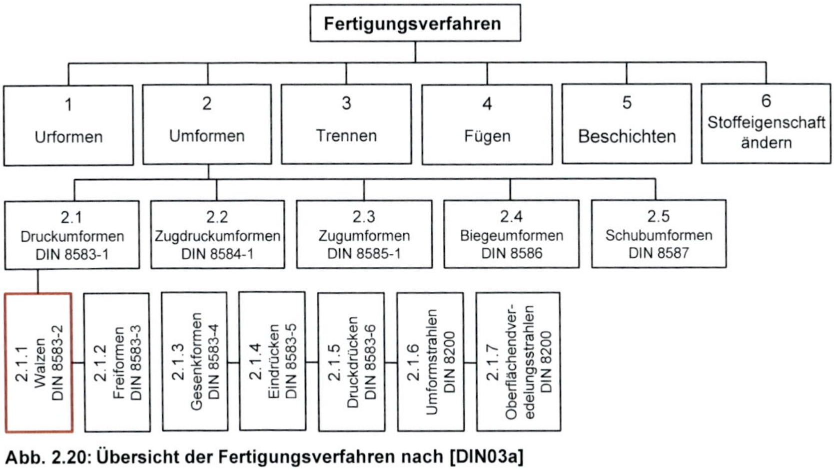

Abb. 2.20: Übersicht der Fertigungsverfahren nach [DIN03a]

Das Verfahren des Walzens wird durch die DIN 8583 [DIN03b] weiter nach der Kinematik, der Walzengeometrie und der Werkstoffgeometrie unterteilt. Das Walzen von Schienenfahrzeugrädern wird der Ordnungsnummer (ON) 2.1.1 – Flach-Querwalzen von Vollkörpern (vgl. **Abb. 2.21**) zugeordnet. KLOCKE [Klo06] unterteilt dieses Fertigungsverfahren weiter in die Bereiche Glattwalzen, Maßwalzen und Festwalzen. Das Glattwalzen hat das Einebnen der Drehriefen zum Ziel. Hierfür wird das Material des Drehrillenkamms in Richtung des Drehrillengrundes bis zum Angleichen des Höhenniveaus verschoben. Das Maßwalzen beschränkt sich auf Werkstücke mit Durchmessern d < 20 mm, da in diesem Größenbereich eine signifikante Durchmesseränderung möglich ist. Beim Verfahren des Festwalzens wird das Ziel der Dauerfestigkeitssteigerung verfolgt. Hierbei wird das Werkstück mit einem meist feinst bearbeiteten und gehärteten Walzwerkzeug unter hoher Flächenpressung mehrfach überrollt.

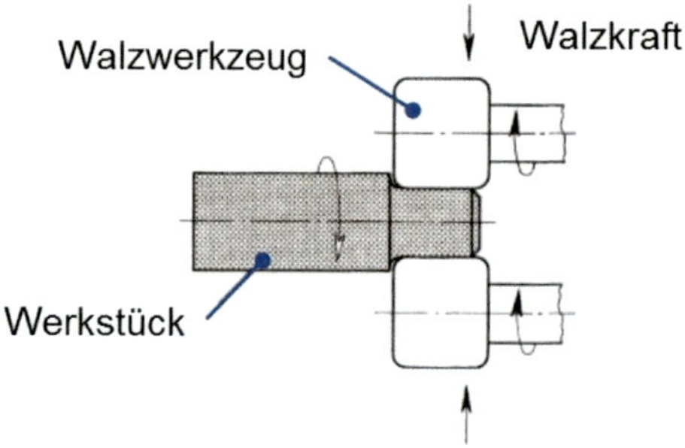

Abb. 2.21: Prinzipdarstellung des Flach-Querwalzens [DIN03b]

LANGE [Lan88] gibt drei Faktoren für die Steigerung der Dauerfestigkeit an:

- Einbringen von Druckeigenspannungen in die Oberfläche,
- Steigerung der Oberflächenhärte,
- Verringerung der Oberflächenrauheit,

wobei der erste Faktor den größten Einfluss hat. Insbesondere die Schwingfestigkeit kann durch das Einbringen von Druckeigenspannung in gekerbte Bauteile signifikant erhöht werden. Aus diesem Grund ist das Verfahren für Bauteile mit erhöhter Kerbwirkung – beispielsweise Hohlkehlen an den Lagerstellen von Kurbelwellen – geeignet.

2.6 Verschleiß

Als Verschleiß wird der *„fortschreitende Materialverlust aus der Oberfläche fester Körper“* [DIN79] bezeichnet, welcher durch die Verschleißmechanismen Adhäsion, Abrasion, Oberflächenzerrüttung und tribochemische Reaktion verursacht wird. In der Regel liegt eine Kombination dieser Mechanismen vor, welche unter der Berücksichtigung des Belastungskollektivs und der Eigenschaften des vorliegenden tribologischen Systems in ein Verschleißmodell überführt werden kann.

2.6.1 Verschleißmechanismen

Die im Kontaktbereich des tribologischen Systems ablaufenden physikalischen und chemischen Wechselwirkungen, welche zu Stoff- und Formänderungen führen, werden als Verschleißmechanismen bezeichnet [Czi10].

Oberflächenzerrüttung

Nach SOMMER [Som10] entsteht Oberflächenzerrüttung in Folge zyklischer Beanspruchungen der Festkörperoberflächen, wodurch sich Ansammlungen von plastischen Deformationsanteilen bilden. An diesen Stellen kommt es zu Anrissen, die sich unter weiterer Belastung ausbreiten und schließlich zu Grübchen/Ausbröckelungen (vgl. **Abb. 2.22**, links) führen. Bis zum Zeitpunkt der ersten Ausbröckelung wird von der Inkubationsphase gesprochen.

CZICHOS [Czi10] beobachtete an elastisch beanspruchten Gleitkontakten Verschleißformen, welche den Schadensbildern von Schwingbrüchen (Schwingungslinien, Rastlinien, siehe Abb. 2.22, rechts) ähneln. Belastungsamplitude und Zyklenzahl bestimmen die Werkstoffermüdung. Überschreitet die Belastung schon beim ersten Zyklus die Zugfestigkeit des Materials, so kann ein Schaden auftreten (Kurzzeitermüdung). Die Langzeitermüdung ist hingegen von geringeren Belastungsamplituden und einer größeren Anzahl von Lastwechseln gekennzeichnet. CZICHOS teilt den Ermüdungsprozess in die vier Perioden (1) Inkubationsperiode, (2) Entstehung und Entwicklung Submikrorissen, (3) Rissausbreitung, Vereinigung von Rissen und (4) endgültiger Bruch.

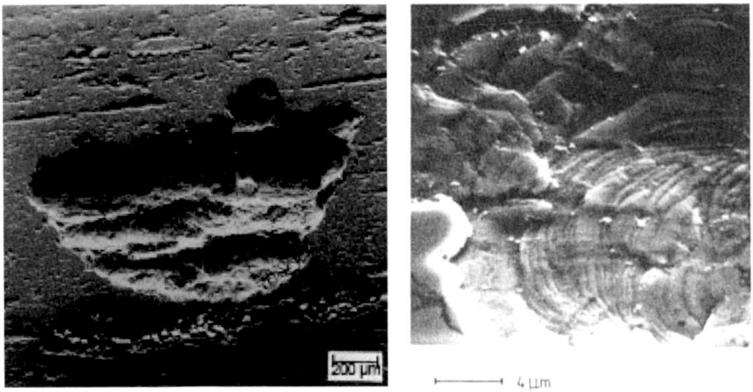

Abb. 2.22: Schäden: links: Ausbröckelung [VDI17]
rechts: Oberflächenzerrüttung [Czi10]

Dieser Bruch tritt auf (Gl. (2.37)), wenn die lokale Spannung an der Rissspitze die theoretische Festigkeit überschreitet (**Abb. 2.23**). Die kritische Risslänge C_{krit} ist vom Elastizitätsmodul E, der Spannung σ und der freien, aufzubringenden Oberflächenenergie γ_0 abhängig.

$$C_{krit} = 2\gamma_0 \cdot \frac{E}{\sigma^2} \qquad \begin{aligned} C_{krit} &= kritische\ Risslänge \\ \gamma_0 &= Oberflächenenergie\ \left[\frac{J}{cm^2}\right] \\ \sigma &= Spannung \end{aligned} \tag{2.37}$$

Für die Bestimmung des Verschleißvolumens führt [Czi09] den Zusammenhang gemäß Gl. (2.38) ein,

$$W_V = C \cdot \frac{\eta_V \cdot \gamma_v}{\varepsilon_1^2 \cdot H} \cdot F_N \cdot s_{gleit} \qquad \begin{aligned} W_V &= Verschleißvolumen \\ C &= Wärmekapazität \\ \eta_V &= Verteilung\ der\ Rauheitshügel \\ \gamma_v &= Größe\ der\ Teilchen \\ \varepsilon_1 &= Versagensdehnung \\ H &= Härte \\ s_{gleit} &= Gleitweg \\ F_N &= Normalkraft \end{aligned} \tag{2.38}$$

wobei η_V ein Maß für die Linienverteilung der Rauheitshügel ist und γ_v die Größe Teilchengröße beschreibt.

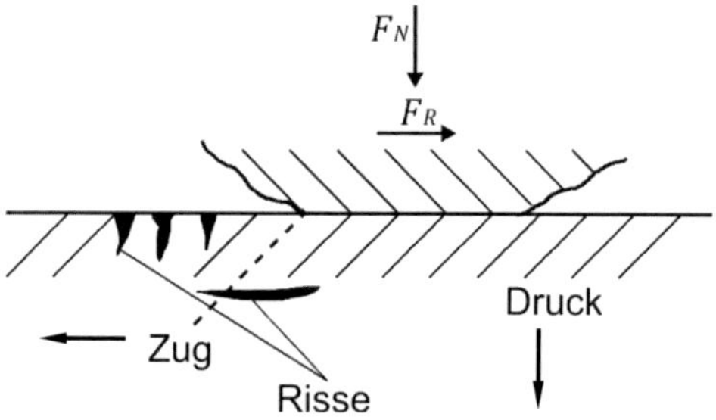

Abb. 2.23: Modell der Oberflächenzerrüttung [Czi10]

<u>Abrasiver Verschleiß</u>

In [Czi10] werden zwei Ursachen für abrasiven Verschleiß aufgeführt: Erstens ein großer Unterschied in Rauheit und Härte von Grund- und Gegenkörper, sowie zweitens das Vorhandensein von harten Verschleißpartikeln, welche in die Oberfläche mindestens eines Körpers eingedrückt werden. SOMMER [Som10] führt auf, dass bei duktilen Werkstoffen Mikroverformungs- und Mikrospanungsprozesse auftreten, die beim Vorhandensein von spröden Phasen von Mikrobrechen begleitet überlagert werden. Spröde Werkstoffe neigen zum Mikrobrechen, Zerspanungs- und Verformungsprozesse spielen eine untergeordnete Rolle.

Beide Autoren verweisen auf die Arbeiten von ZUM GAHR [Zum87], der mit dem f_{ab}-Wert eine Größe vorstellt, welche Rückschlüsse auf das Verhältnis von Verformen (Pflügen) und Mikrospanen zulässt.

$$f_{ab} = \frac{A_V - (A_1 + A_2)}{A_V} \tag{2.39}$$

Folgende **Abb. 2.24** zeigt die Flächenanteile der beiden Prozesse. Liegt nur Mikrospanen vor, so ergibt sich $f_{ab} = 0$, beim Zerspanen hingegen $f_{ab} = 1$.

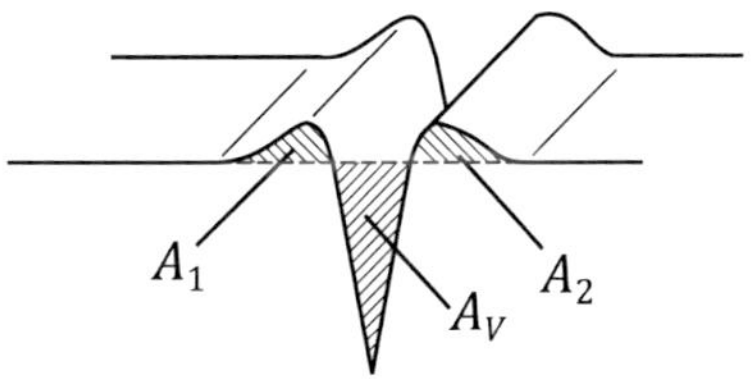

Abb. 2.24: Flächenanteile der Prozesse Mikroverformen- und Zerspanen [Zum87]

Das Verschleißvolumen kann gemäß [Zum87] mit Gl. (2.40)

$$W_V = f_{ab} \cdot A_V \cdot s_{gleit} \tag{2.40}$$

abgeschätzt werden. In **Abb. 2.25** ist das Modell von RABINOWICZ [Rab65] dargestellt, wobei der Grundkörper, oder ein Partikel mit dem Winkel *θ* durch den Gegenkörper furcht.

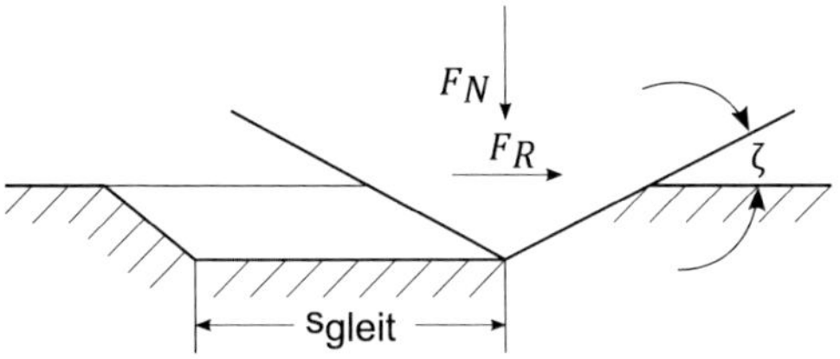

Abb. 2.25: Modell von RABINOWICZ [Rab65]

Das Verschleißvolumen lässt sich unter Berücksichtigung der Werkstoffhärte des Grundwerkstoffes *H* und dem Winkel *ζ* gemäß Gl. (2.41) berechnen.

$$W_V = \frac{\pi}{2} \cdot \frac{tan\zeta}{H} \cdot F_N \cdot s_{gleit} \tag{2.41}$$

Adhäsiver Verschleiß

Adhäsiver Verschleiß entsteht in Folge hoher Pressung im Kontakt, bei welcher die Adsorptions- und Reaktionsschichten des Materials aufgebrochen werden. Dies ist in der Regel der Fall, wenn Rauheitsspitzten der Oberflächen aufeinandertreffen. An diesen metallisch blanken Stellen geht das Material atomare Bindungen ein. Ein Modell einer solchen adhäsiven Bindung (Kaltverschweißung) ist in **Abb. 2.26** dargestellt. Ist die adhäsive Bindung stärker als der Grundwerkstoff, so kommt es an diesem zum Bruch und somit zum Materialübertrag.

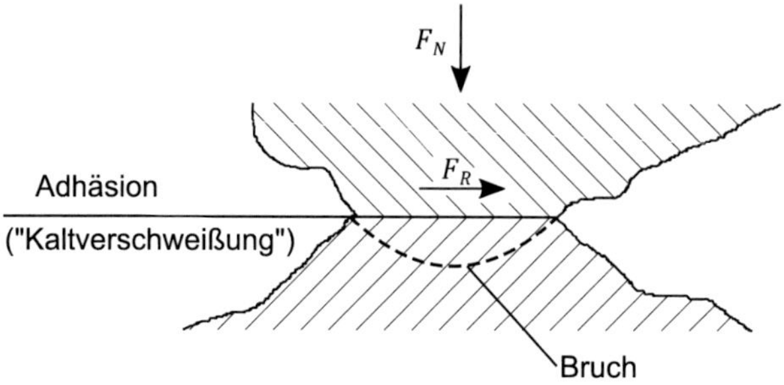

Abb. 2.26: Adhäsiver Verschleiß [Czi10]

ARCHARD [Arc58] hat mit Gl. (2.42) einen empirischen Zusammenhang zwischen Normalkraft, Gleitweg, Härte und Verschleißvolumen ermittelt.

$$W_V = k_v \cdot \frac{F_N \cdot s_{gleit}}{H} \qquad (2.42)$$

W_v = Verschleißvolumen
F_N = Normalkraft
s_{gleit} = Gleitweg
H = Härte
k_v = Verschleißkoeffizient

Der Verschleißkoeffizient k_v muss jeweils für das vorliegende tribologische System ermittelt werden.

Tribochemischer Verschleiß

Beim tribochemischen Verschleiß reagieren die beiden Kontaktflächen unter Einfluss des Zwischen- oder Umgebungsmedium chemisch miteinander. Dieser Vorgang wird oftmals durch die reibbedingte Temperaturerhöhung begünstigt und somit die Reaktionsbereitschaft der Oberflächen gesteigert. Dies kann zur Bildung einer Oxidschicht bis zu einer kritischen Dicke führen. Beim Überschreiten dieser kritischen Schichtdicke brechen Verschleißpartikel aus der Oberfläche. CZICHOS stellt für die Ermittlung des Verschleißvolumens das in **Abb. 2.27** bzw. Gl. (2.43) dargestellte Modell in Abhängigkeit der Schichtdicke p, der kritischen Schichtdicke ξ, der Rauheitsdurchmessers d und einer Schichtwachstumskonstanten der Oxidationsschicht k'' vor.

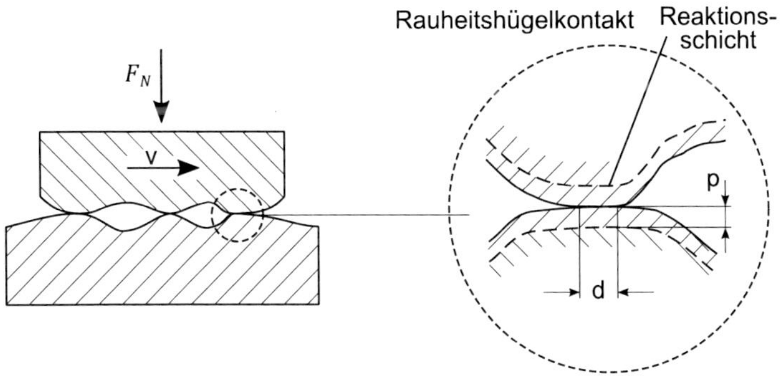

Abb. 2.27: Modell des tribochemischen Verschleißes [Czi10]

$$W_V = \frac{k''}{\xi^2 p^2} \cdot \frac{d}{H} \cdot \frac{F_N}{v} \cdot s_{gleit} \qquad (2.43)$$

$k'' = Geschwindigkeitskonstante\ der\ Oxidation$
$\xi = kritische\ Dicke\ der\ Reaktionsschicht$
$d = Rauheitsdurchmesser$
$\mathrm{p} = \mathrm{Dicke\ der\ Raktionsschicht}$
$H = Härte$

Da die hier vorgestellten Verschleißmechanismen in der Regel nicht einzeln, sondern kombiniert ablaufen, kann die tribochemische Reaktion den Gesamtverschleiß in einigen Fällen reduzieren. Dies ist dann der Fall, wenn die Reaktionsschicht den direkten metallischen Kontakt verhindert und somit der adhäsive Verschleiß verringert wird.

2.6.2 Verschleißmodelle

Wird nun der Verschleiß im Rad-Schiene Kontakt betrachtet, so ist dieser nicht nur von den Verschleißmechanismen, sondern auch von den Eigenschaften des Fahrzeuges und der befahrenen Strecke abhängig. Des Weiteren haben betriebliche Größen wie beispielsweise der Fahrplan, oder der vermehrte Einsatz von Streumitteln Auswirkung auf den Verschleiß. Zur Beschreibung dieser Einflüsse werden Verschleißmodelle herangezogen. Wesentliche Bestandteile des Modells sind die Modellierung der Fahrdynamik, des Rad-Schiene Kontakts, sowie des Zusammenhangs zwischen Beanspruchung des Kontaktes und dem Materialabtrag. Die Fahrdynamik wird durch das Zusammenwirken zwischen Fahrzeug und Fahrweg bestimmt. Der Fahrweg kann sich aus einem einzelnen Trassierungselement, einer Auswahl von Elementen oder einer ganzen Strecke zusammensetzen. Weiterhin besteht die Möglichkeit, die Trassierung mit einer Gleislagestörung zu überlagern. Die im Rad-Schiene Kontakt auftretenden Kräfte und Relativbewegungen werden durch ein entsprechendes Kontaktmechanikmodell abgebildet. Zur Beschreibung des Zusammenhags zwischen Materialabtrag am Rad und der Belastung im Kontakt haben sich im Wesentlichen die Gleitweg- und Reibenergiehypothese durchgesetzt.

2.6.2.1 Gleitweghypothese

Bei der Gleitweghypothese wird das Produkt aus Gleitweg und Normalkraft proportionalem Materialabtrag vorhersagt. HOLM [Hol46] beschreibt den Materialabtrag W_v gemäß Gl. , wobei F_N die Belastung, s_{gleit} der Gleitweg und H die Härte des weicheren Materials ist. Z ist ein dimensionsloser Faktor, welcher die Reibung klassifiziert. Er vergleicht diesen Faktor mit dem Gleitreibkoeffizienten μ.

$$W_v = Z \cdot \frac{F_N \cdot s_{gleit}}{H} \tag{2.44}$$

$W_v = Verschleißvolumen$
$Z = dimensionsloser\ Faktor$
$F_N = Belastung$
$s_{gleit} = Gleitweg$
$H = Härte$

HOLM [Hol46] definiert die Härte als die Pressung p (vgl. (2.45), welche sich beim Eindruck einer Kugel in das Material für D > 0,02 einstellt (vgl. **Abb. 2.28**). D beschreibt hier das Verhältnis zwischen der Eindrucktiefe d und dem Radius der Kugel R.

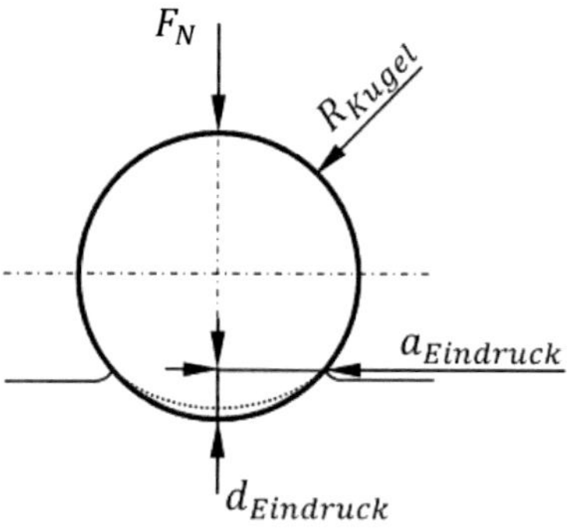

Abb. 2.28: Schematische Darstellung des Eindrucktests gemäß [Hol46]

Die gepunktete Linie in Abb. 2.28 zeigt die plastische Deformation des Materials. HOLM begründet diese Definition der Härte damit, dass bei D > 0,02 keine signifikante Steigerung der Pressung eintritt.

$$H_{Holm} = \frac{F_N}{\pi \cdot {a_{Eindruck}}^2} \tag{2.45}$$

ENBLOM [Enb06] modifiziert Gl. (2.44) und ersetzt den Verschleißkoeffizienten Z zu $k_{v,i}$ (vgl. **Abb. 2.29**).

$$W_v = k_{v,i} \cdot \frac{F_N \cdot s_{gleit}}{H} \qquad \begin{aligned} W_v &= Verschleißvolumen \\ k_{v,i} &= Verschleißkoeffizienten, i = 1, \dots, 4 \\ F_N &= Normalkraft \\ s_{gleit} &= Gleitweg \\ H &= Härte \end{aligned} \tag{2.46}$$

Die Verschleißkoeffizienten $k_{v,i}$ sind nicht für die jeweilige Werkstoffpaarung konstant, vielmehr zeigt LEWIS [Lew04] mittels Zwei-Scheiben und Stift-Scheibe Versuchen eine Abhängigkeit von verschieden Einflussgrößen. Hierbei haben sich für den Zwei-Scheiben-Versuch die Pressung im Kontakt und die Relativgeschwindigkeit als signifikant herausgestellt. Die von LEWIS ermittelten Verschleißkoeffizienten werden von ENBLOM für ein Verschleißmodell verwendet.

Aus der Abbildung wird deutlich, dass ab dem Überschreiten einer Grenzspannung erheblicher Verschleiß in Form von Fressen auftritt. Dieses Regime ist von der Gleitgeschwindigkeit unabhängig. Unterhalb dieser Grenzspannung ist der Verschleißkoeffizient lediglich von der Gleitgeschwindigkeit abhängig

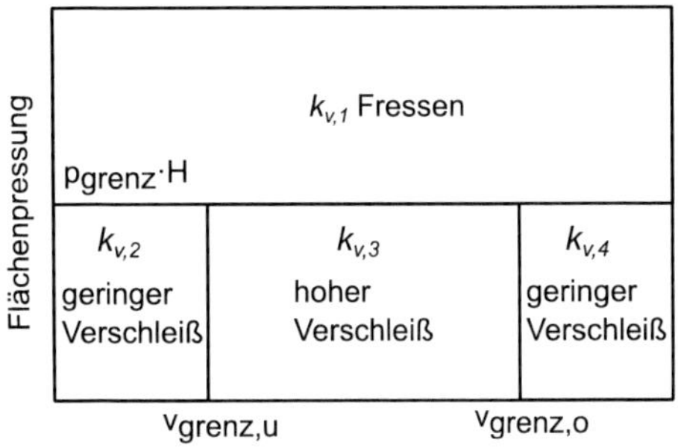

Abb. 2.29: Verschleißkarte in Anlehnung an [Enb06]

2.6.2.2 Reibenergiehypothese

Bei dieser Hypothese wird davon ausgegangen, dass die Verschleißmasse W_v proportional zur eingebrachten Reibarbeit W_R ist. KRAUSE und POLL [Kra86] formulieren diesen Zusammenhang zu Gl., wobei I_W eine Funktion der Oberflächentemperatur T_G ist.

$$W_V = I_W(T_G) \cdot W_R \qquad \begin{aligned} W_v &= Verschleißvolumen \\ I_W &= temperaturabhängiger\ Faktor \\ T_G &= Oberflächentemperatur \\ W_R &= Reibenergie \end{aligned} \tag{2.47}$$

Bei thermisch gleich zu charakterisierenden Systemen kann I_W durch den Quotienten aus Verschleißkoeffizient k_v je Fläche ersetzt werden. Somit folgt Gl. (2.47) zu

$$W_V = k_v \left({}^{W_R}/_{A} \right) \tag{2.48}$$

Folgend dargestellte **Abb. 2.30** zeigt die experimentell ermittelten Verschleißkoeffizienten gemäß [Kra86]. Hierbei wurden Versuche mit einem Zweischeiben-Prüfstand bei einem konstanten Schlupf s_x = 2,0 % (blaue Kurve) und s_x = 5,3 % (rote Kurve) und variierenden Pressungen p durchgeführt. Insbesondere aus der roten Kurve wird ersichtlich, dass der Verschleißkoeffizient bei einer in den Kontakt eingebrachten Reibleistung je Fläche von etwa 4 bis 5 W/mm² sprunghaft zunimmt. Die grüne Kurve zeigt ein zweiteiliges Modell mit dem Sprung von k_{mild} zu k_{heftig} bei 4 W/mm².

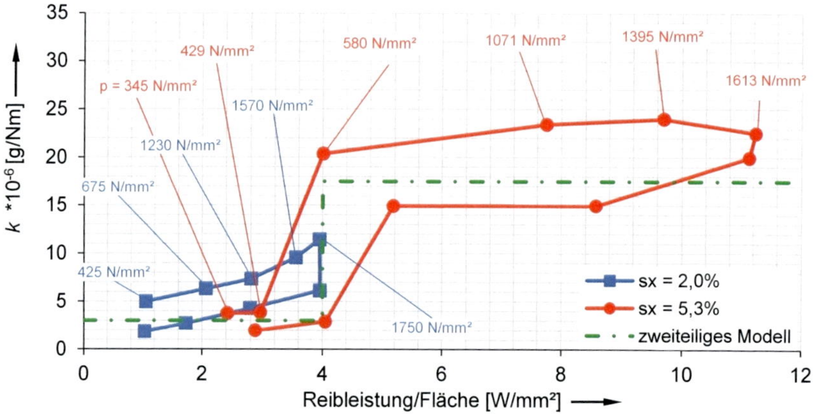

Abb. 2.30: Verschleißkoeffizienten bei konstantem Schlupf s_x gemäß [Kra86]

Mit dem gleichen Aufbau wurden mit konstanter Flächenpressung p und unterschiedlichen Schlüpfen s_x im Kontakt Versuche durchgeführt. Aus **Abb. 2.31** wird geht hervor, dass der Verschleißkoeffizient mit steigender Reibleistung je Fläche zunimmt.

Die grüne Kurve zeigt ebenfalls ein zweiteiliges Modell mit einem Sprung zu höheren Verschleißkoeffizienten bei 4 W/mm². Die für die jeweilige Verschleißhypothese notwendigen Pressungen, Reibkoeffizienten oder Kraftschlussbeiwerte und Relativgeschwindigkeiten werden mit Hilfe eines Kontaktmechanikmodells (vgl. Kap. 2.3) ermittelt.

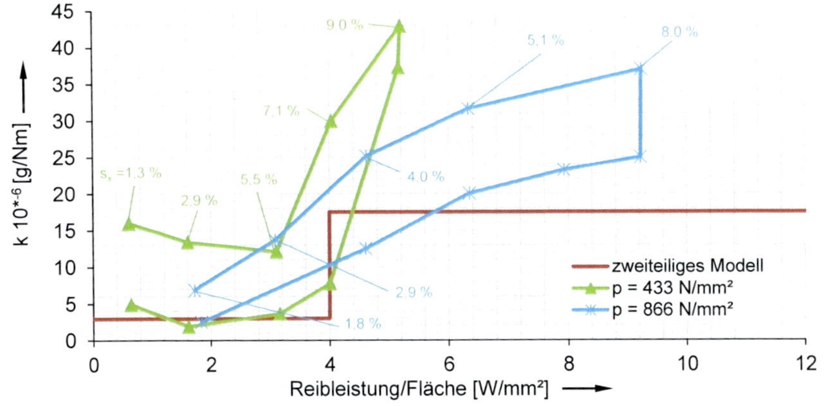

Abb. 2.31: Verschleißkoeffizienten bei konstanter Flächenpressung p gemäß [Kra86]

Hier gilt es zu unterscheiden, ob für die Berechnung der Verschleißmasse, bzw. des Volumens die lokalen Größen aus dem Kontakt, oder die globalen Größen aus der Bewegung (vgl. Gl. (2.26)) herangezogen werden. Nachfolgende **Abb. 2.32** zeigt die in Haft- und Gleitbereich aufgeteilte Kontaktfläche. Werden die lokalen Größen betrachtet, so ist nur der Bereich des Gleitens von Interesse, da nur dort Energie in Reibenergie umgewandelt wird. Exemplarisch ist eine Fläche mit der Größe $\Delta A = \Delta x \cdot \Delta y$ dargestellt. Für diese Fläche ergibt sich das Verschleißvolumen gemäß Gl. (2.48) zu Gl. (2.49).

$$\Delta W_V = k_v \left(\frac{F_N \cdot \mu \cdot v_{ges,gleit}}{\Delta A} \right) \qquad (2.49)$$

$\Delta W_v = Verschleißvolumen$
$\Delta A = Fläche$
$F_N = Normalkraft$
$\mu = Gleitreibwert$
$v_{ges,gleit} = resultierende\ Gleitgeschwindigkeit$

Der gesamte Verschleißvolumen lässt sich im Gleitbereich gemäß (2.50 ermitteln.

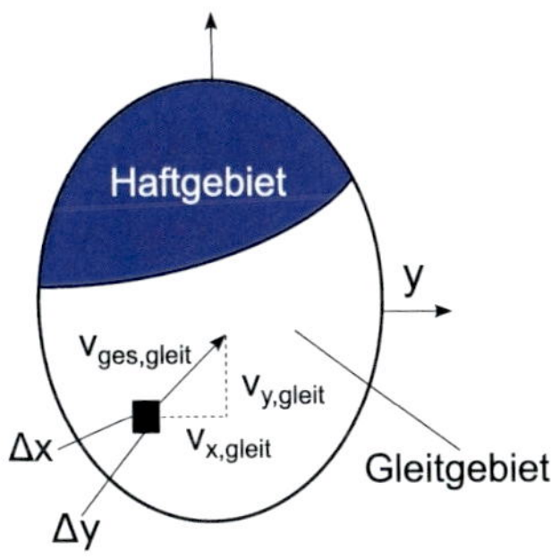

Abb. 2.32: Darstellung der Relativgeschwindigkeiten im Kontakt

Das gesamte Verschleißvolumen lässt sich im Gleitbereich gemäß Gl. ermitteln. Diese Betrachtung ist gegenüber der Berücksichtigung der globalen Größen aufwendiger, da die Aufteilung in Haft- und Gleitgebiet sowie die Pressungs- und Geschwindigkeitsverteilung zu jedem Zeitpunkt bekannt sein müssen. Des Weiteren muss die Haftgrenze bekannt sein.

$$W_V = \sum_{-a}^{a} \sum_{-b}^{b} \Delta W_v \tag{2.50}$$

Werden die globalen Größen zur Berechnung der Verschleißmasse herangezogen, so gehen der Kraftschlussbeiwert, die mittlere Pressung und die Relativgeschwindigkeit bzw. der Schlupf zwischen Rad und Schiene in das Modell ein. Dies kann bei der praktischen Ermittlung von Verschleißkoeffizienten von Vorteil sein, da diese Größen mit vertretbarem Aufwand an einem Zweischeiben-Prüfstand messbar sind.

Ein weiteres Unterscheidungsmerkmal von Verschleißmodellen ist die Berücksichtigung von Anfahr- und Bremsvorgängen, da in diesen Fahrsituationen größere Längskräfte als beim Fahren mit konstanter Geschwindigkeit in der Ebene übertragen werden müssen. Dies gilt ebenfalls für das Befahren von Abschnitten mit Steigung oder Gefälle.

Der Verschleiß am Rad wirkt sich nicht nur auf die Änderung des Profils aus, sondern kann unter Umständen auch die Form bzw. die Rundheit des Rades beeinflussen. Hier gibt das von MEYWERK [Mey99] vorgestellte Verschleißmodell [Mey99] ein Beispiel, wie die Polygonisierung abgebildet werden kann. Das Modell unterteilt sich in das Fast-Time model und das Slow-time model (vgl. **Abb. 2.34**).

Das *„Fast-time model“* beschreibt die Bewegung des Radsatzes und die Kräfte im Rad-Schiene Kontakt. Die Schienen und der Radsatz werden als eindimensionale Kontinuen bestehend aus n starren Körpern beschrieben. Die Verbindung dazwischen wird als visko-elastisch angenommen. Der Radsatz ist mittels Federn und Dämpfen an den Drehgestell-Rahmen (vgl. **Abb. 2.33**) angebunden, welcher als starrer Körper dargestellt wird.

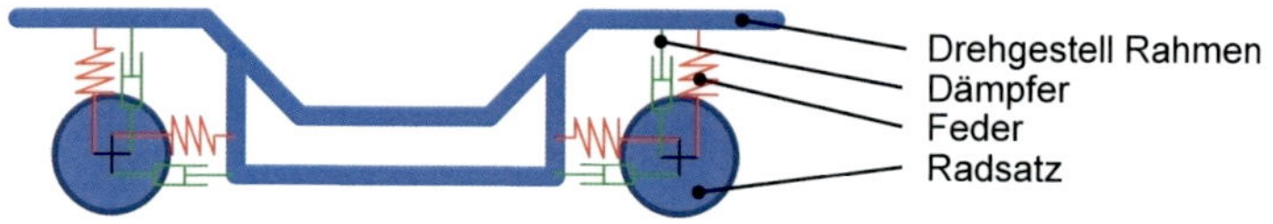

Abb. 2.33: Prinzipskizze eines Drehgestells

Die Kräfte im Kontakt werden mit Hilfe der linearen Theorie von KALKER und die Steifigkeiten mit Hilfe der linearisierten HERZTSCHEN Theorie ermittelt. Die Bewegungsgleichungen werden als Eigenwertproblem betrachtet, wobei die Ergebnisse anschließend als Summe der harmonischen Schwingungen an das Slow-time model übergeben werden, in dem die Änderung der Härte und der Materialabtrag ermittelt werden. Der Materialabtrag wird gemäß der Reibenergiehypothese nach KRAUSE/POLL und die Härteänderung in Anlehnung an den Einspielprozess „shakedown" ermittelt.

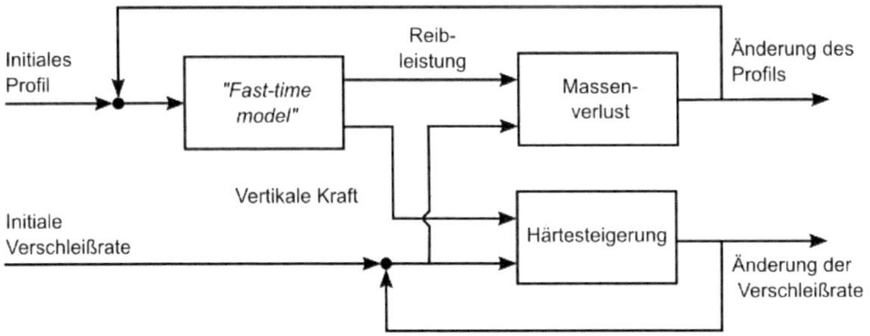

Abb. 2.34: Verschleißmodell nach MEYWERK [Mey99]

2.6.3 Aufteilung des Verschleißes auf die Kontaktpartner

Die oben beschrieben Modelle bieten die Möglichkeit das Verschleißvolumen in Abhängigkeit der eingebrachten Leistung bzw. des beanspruchten Gleitwegs zu berechnen. Hierbei stellt sich die Frage, wie sich der Verschleiß auf die Kontaktpartner Rad und Schiene aufteilt und welcher Partner dementsprechend stärker abgenutzt wird. Insbesondere beim System Bahn kann es mit großen betrieblichen Einschränkungen und Kosten verbunden sein, wenn eine Änderung des Radwerkstoffes - etwa durch die Steigerung der Härte - mit einer signifikanten Erhöhung des Verschleißes am Kontaktpartner Schiene einhergeht. Da im laufenden Betrieb diese Fragestellung nicht geklärt werden kann, werden Prüfstandversuche zur Bewertung der Auswirkungen härterer Radwerkstoffe auf den Schienenverschleiß herangezogen.

HESSE [Hes83]untersuchte anhand solcher Versuche das Verschleißverhalten von Rad und Schiene bei fördertechnischen Anlagen, indem zwei Scheiben mit einem definierten Schräglaufwinkel aufeinander abrollen. Die Ergebnisse (**Abb. 2.35**) zeigen, dass bei einer Steigerung der Laufradhärte der Schienenverschleiß zunimmt.

Eine Steigerung des Schräglaufwinkels von ψ = 3 ‰ auf ψ = 5 ‰ hat ab einer Laufradhärte von etwa 400 HV eine signifikante Steigerung des Schienenverschleißes zur Folge. Bei der ferritisch-perlitischen Schiene handelt es sich um einen unlegierten Stahl (C = 0,50 %) mit einer Mindestzugfestigkeit R_m = 690 N/mm². Bei der Verwendung eines Schienenstahl (C = 0,75 %) mit einer Mindestzugfestigkeit R_m = 880 N/mm² ist eine ähnliche Tendenz aber ein geringerer Verschleiß im Vergleich zum vorher verwendeten Schienenwerkstoff zu verzeichnen. Ab einer Laufradhärte von ca. 570 HV nimmt der Schienenverschleiß wieder ab.

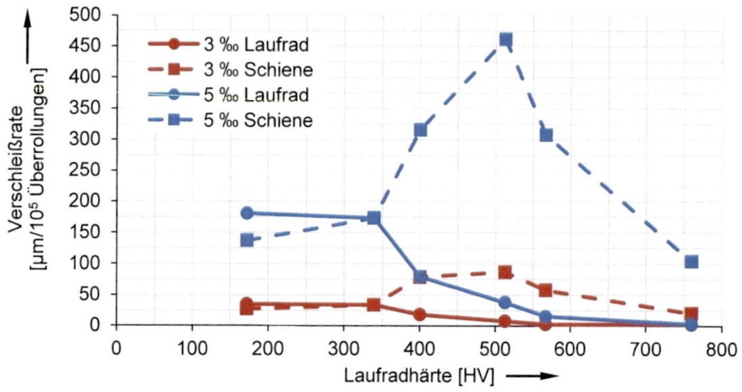

Abb. 2.35: Verschleißverhalten der Paarung Rad/Schiene in Abhängigkeit von der Laufradhärte bei den Schräglaufwinkeln ψ ≈ 0,003 (3 ‰) und ψ ≈ 0,005 (5 ‰) [Hes83]

Im (Voll-) Bahnbereich werden legierte Stähle mit Mindestzugfestigkeit bis zu R_m = 880 N/mm² eingesetzt. MÄDLER [Mae15] führte Versuche mit vier Schienenstandartstahlsorten (R260, R350HT, R400HT) in Kombination mit drei Radstählen (ER7, ER8, C64M) an einem Rad-Schiene-Prüfstand mit Lineareinheit durch. Der Radwerkstoff der Sorte C64M weist eine Zugfestigkeit von 940 ≤ R_m ≤ 1100 N/mm² auf und findet bei japanischen Hochgeschwindigkeitszügen Verwendung. Die in **Abb. 2.36** dargestellten Ergebnisse zeigen, dass der größte Verschleiß bei der Standardmaterialpaarung ER7/R260 auftritt.

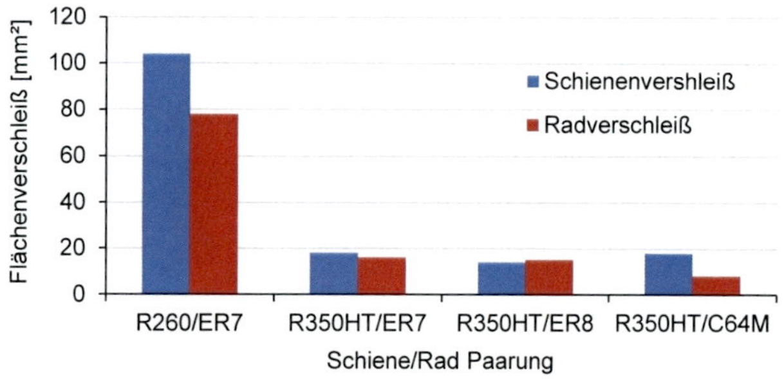

Abb. 2.36: Fahr- bzw. Laufflächenverschleiß an Schienen und Rädern bei verschiedenen Werkstoffpaarungen nach [Mae15]

Bei der Verwendung härterer Schienen (ER7/R350HT) sinkt der Verschleiß bei beiden Kontaktpartnern. Wird die Härte sowohl von Rad als auch Schiene gesteigert, stellt sich ein ähnlich geringer Verschleiß ein. Die Hypothese eines höheren Gesamtverschleißes aufgrund der Verwendung härterer Werkstoffe konnte nicht bestätigt werden.

3 Vorgehensweise

Nachfolgende **Abb. 3.1** zeigt die Vorgehensweise bei der Parametrierung des Härte-Verschleißmodells und der Kombination dieses mit einem Mehrkörpersimulationsmodell. Kern des Modells ist die Beschreibung der Härteentwicklung und des Materialabtrags, womit die Radhärte über der Mantelfläche und die Änderung des Radprofils ermittelt werden (Abb. 3.1, dunkelblau). Als Eingangsgrößen dienen die Härte, die Normalkraft, die Gleitkraft, das Radprofil, der Berührpunkt und die Radumdrehungen. Ausgangsgrößen sind die Radhärte und die Formänderung des Radprofils aufgrund des Materialabtrags.

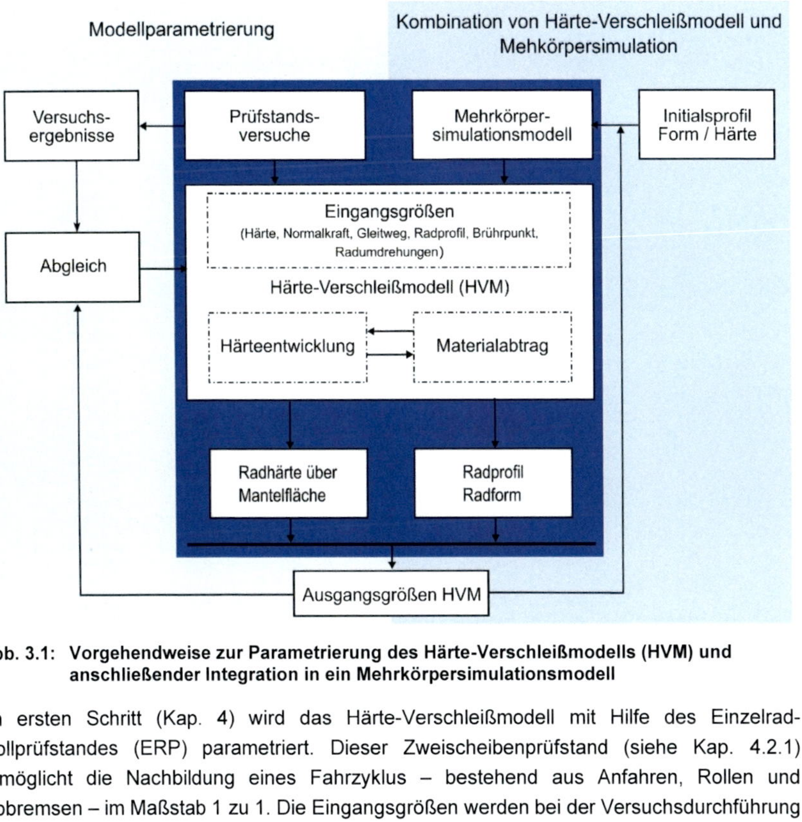

Abb. 3.1: Vorgehendweise zur Parametrierung des Härte-Verschleißmodells (HVM) und anschließender Integration in ein Mehrkörpersimulationsmodell

Im ersten Schritt (Kap. 4) wird das Härte-Verschleißmodell mit Hilfe des Einzelrad-Rollprüfstandes (ERP) parametriert. Dieser Zweischeibenprüfstand (siehe Kap. 4.2.1) ermöglicht die Nachbildung eines Fahrzyklus – bestehend aus Anfahren, Rollen und Abbremsen – im Maßstab 1 zu 1. Die Eingangsgrößen werden bei der Versuchsdurchführung kontinuierlich erfasst. Die Versuchsergebnisse Härte und Radprofil werden in regelmäßigen Abständen manuell am Rad erfasst. Die Modellparameter werden dahingehend angepasst, dass die Ausgangsgrößen des Härte-Verschleißmodells den Versuchsergebnissen entsprechen. (Abb. 3.1, links)

Im zweiten Schritt (Kap. 5) dienen nicht mehr die Versuchsergebnisse des Prüfstandes, sondern die Ergebnisse einer Mehrkörpersimulation (MKS) als Eingangsgrößen für das Härte-Verschleißmodell. Das MKS-Modell beschreibt nicht nur die Eigenschaften des Fahrzeuges, sondern beinhaltet Informationen über die Strecke und stellt einen Regler bereit, welcher die Bedienhandlungen eines Triebfahrzeugführers nachbildet. (Abb. 3.1, rechts)

Die Kombination aus Mehrkörpersimulation und Härte-Verschleißmodell wird abschließend mit realen Fahrversuchen validiert. Die Eingangsgrößen des HVM werden weitestgehend messtechnisch kontinuierlich erfasst. Die Ausgangsgrößen werden analog zu den der Prüfstandversuche in regelmäßigen Abständen manuell erfasst.

4 Entwicklung und Parametrierung des Härte-Verschleiß-modells

Ziel der Modellbildung ist Abbildung der Wirklichkeit durch mathematische Berechnungen. Der Fokus von Verschleißmodellen von Schienenfahrzeugrädern liegt oftmals auf der Entwicklung des Radprofils, da dieses die dynamischen Fahreigenschaften maßgeblich beeinflusst. Das Hauptaugenmerk des nachfolgend beschriebenen Modells ist die Ermittlung des Einflusses der Radausgangshärte auf den Verschleiß während der Einlaufphase des Rades.

4.1 Auswahl einer Verschleißhypothese

Wie in Kap. 2.6 dargestellt, haben sich im Wesentlichen die Reibenergiehypothese und die Gleitweghypothese zur Bestimmung des Verschleißes etabliert. Da hiervon lediglich die Gleitweghypothese die Härte des Werkstoffes mitberücksichtigt, wird die Beschreibung gemäß Gl. (4.1)

$$W_v = k_v \cdot \frac{F_N \cdot s_{gleit}}{H} \qquad \begin{aligned} W_v &= Verschleißvolumen \\ k_v &= Verschleißkoeffizient \\ F_N &= Normalkraft \\ s_{gleit} &= Gleitweg \\ H &= Härte \end{aligned} \tag{4.1}$$

als Grundlage des Simulationsmodells gewählt. Zur Berücksichtigung der Entwicklung der Härte und verschiedener Belastungen wird das Modell wie folgt erweitert:

$$W_v = k_v(v_{rel}, p) \cdot \frac{F_N \cdot s_{gleit}}{H(B)} \tag{4.2}$$

k_v = *Verschleißkoeffizient in Abhängigkeit der Relativgeschwindigkeit im Kontakt und der Flächenpressung*
$H(B)$ = *Härte in Abhängigkeit der äußeren Belastung*

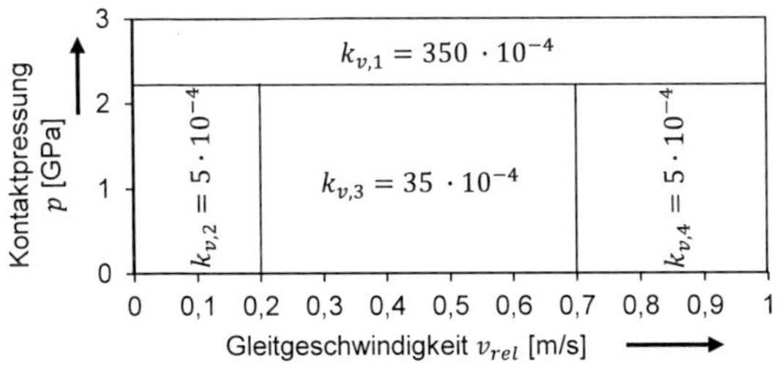

Abb. 4.1: Verschleißkoeffizienten gemäß [Enb06]

Die initialen Werte für die Verschleißkoeffizienten $k_{v,i}$ werden von ENBLOM gemäß **Abb. 4.1** gewählt. Die Ermittlung des Wertes $k_{v,1}$ ist mit Hilfe des Prüfstandes nicht möglich, da die Pressung im Kontakt die Grenze etwa $p = 2300$ MPa nicht übersteigt.

Aus diesem Grund wird $k_{v,1} = 350 \cdot 10^{-4}$ im Modell mit konstant gehalten. Die verbleibenden Verschleißkoeffizienten werden in der nachfolgenden Parametrierung des Modells in der Art angepasst, dass das Verhältnis zueinander gleichbleibt (siehe Gl. (4.3)).

$$\frac{k_{v,2}}{k_{v,3}} = \frac{k_{v,4}}{k_{v,3}} = konst. \tag{4.3}$$

$k_{v,i}$ $= Verschleißkoeffizient\ in\ Abhängigkeit\ der\ Relativgeschwindigkeit\ im\ Kontakt\ und\ der\ Flächenpressung$

Diese Forderung resultiert aus der Tatsache, dass das Rad bei der Versuchsdurchführung realitätsnah, also mit unterschiedlichen Verschleißregimen belastet wird. Dies bedeutet im Umkehrschluss, dass für eine individuelle Ermittlung der einzelnen Verschleißkoeffizienten je Koeffizient eine einzelne Versuchsreihe in den Relativgeschwindigkeits- und Pressungsgrenzen gemäß Abb. 4.1 notwendig wäre. Da allerdings die Relativgeschwindigkeit im Kontakt während der Versuchsdurchführung auf Grund der möglichst realitätsnahen Versuchsdurchführung geändert wird, ist ein individueller Rückschluss auf die einzelnen Verschleißkoeffizienten $k_{v,2}$, $k_{v,3}$ und $k_{v,4}$ nicht möglich. Durch das konstante Verhältnis der Koeffizienten zueinander wird das Modell um eine Unbekannte reduziert. (Ermittlung der Verschleißkoeffizienten, siehe Kap. 4.2.6)

Die Entwicklung der Härte in Abhängigkeit der äußeren Belastung wird ebenfalls mittels der Prüfstandversuche bestimmt.

4.2 Modellparametrierung unter Zuhilfenahme von Prüfstandversuchen

Das nachfolgende Kapitel befasst sich mit den Versuchen am Einzelradrollprüfstand (ERP). Diese dienten der Untersuchung von vier Hauptaspekten:

1. Überprüfung der Eignung des gewalzten Rades für den Fahrversuch – Dieser Punkt ist zwingend notwendig, um festzustellen, ob an dem gewalzten Rad **sicherheitsrelevante Schäden** auftreten
    - Überdurchschnittliche Belastung der Radoberfläche durch das Ausbringen von Streumitteln (Der Einsatz von Sand kann ebenfalls im Realbetreib direkt nach dem Walzen auftreten -> kritischster Fall, Versuche mit Streumitteln zu Beginn)
    - Überprüfung, dass keine sicherheitsrelevanten Mängel auftreten (Voraussetzung für den Fahrversuch)
2. Ermittlung der Härteänderung eines neu reprofilierten Rades
    - im Ausgangszustand,
    - im gewalzten Zustand
3. Ermittlung des Radverschleißes
    - im Ausgangszustand
    - im gewalzten Zustand

4. Ermittlung des Einflusses unterschiedlicher Streumittel und Austragraten auf
   - die Radoberfläche,
   - den Kraftschlussbeiwert zwischen Rad und Schiene

Aus der Forderung der Eignungsprüfung des gewalzten Rades hinsichtlich großer Belastung (mit Streumitteln) ergibt sich ein Zielkonflikt mit der Vergleichbarkeit der Ergebnisse der Versuche mit dem gewalzten und ungewalzten Rad. Aufgrund der unterschiedlichen Versuchsbedingungen lässt sich der Verschleiß beider Räder nicht unbedingt miteinander vergleichen. Vermutlich wird durch den massiven Einsatz von Sand ein größerer Verschleiß als ohne den Einsatz von Sand ermittelt. Da kein zweites gewalztes Rad zur Verfügung steht, wird dies zugunsten des Nachweises, dass **keine sicherheitsrelevanten Schäden auftreten,** in Kauf genommen.

Versuchsplanung

Für die Versuche standen zwei gleiche, neu profilierte Räder (ER7, vgl. Tab. 2.1) zur Verfügung. Hiervon wurde eines nach dem Reprofilieren mit dem in **Abb. 4.2** dargestellten Werkzeug gewalzt.

Abb. 4.2: Gewalztes Rad mit Prototyp des Walzwerkzeuges

Durch die oben im ersten Punkt genannte Überprüfung der Eignung des Rades für den Fahrversuch folgt, dass mit dem gewalzten Rad Versuche mit Streumitteln durchgeführt werden müssen. Hiermit verknüpft ist Punkt 4, bei dem mit dem gewalzten Rad der Einfluss unterschiedlicher Streumittel und Austragsraten untersucht wird.

Da standardmäßig ungewalzte Räder im Fahrbetrieb eingesetzt werden, kann hier auf den Belastungstest verzichtet werden. Die Versuche zur Ermittlung des Einflusses unterschiedlicher Streumittel und Austragraten entfallen entsprechend.

Die Punkte 2 und 3, Härteänderung und Verschleiß, werden mit beiden Rädern betrachtet.

Der Erkenntnisgewinn durch die direkte Vergleichbarkeit des gewalzten und ungewalzten Rades wird insgesamt geringer eingestuft als der Erkenntnisgewinn durch das Durchführen von Versuchen mit zumindest einem (durch Streumittel) unbelasteten Rad.

Planung der Versuche mit gewalztem Rad

Für die Versuche mit Streumittel gilt es zu klären, welches Streumittel und welche Austragsrate gewählt werden. Üblicherweise wird im Vollbahnbereich Quarzsand als Streumittel eingesetzt, somit wird dieser auch für die Versuche im Rahmen dieser Arbeit benutzt. Die oxidische Zusammensetzung des Quarzsandes ist in folgender **Tab. 4.1** wiedergegeben.

Tab. 4.1: Oxidische Zusammensetzung des Streusandes

Komponente	SiO_2	Al_2O_3	Fe_2O_3	TiO_2	CaO	MgO	K_2O	Na_2O
Einheit	Gew-%							
Wert	92,99	3,41	0,73	0,12	0,11	0,06	2,16	0,39

Unter der Voraussetzung, dass das Siliziumoxid quarzförmig vorliegt, ist die Bedingung der EBA Ergänzungsregel B011 (welche die Anforderungen des Eisenbahnbundesamtes an den Quarzsand beschreibt) [EBA16] hinsichtlich des Massenanteils Quarz Gew-% > 90 % erfüllt. Des Weiteren wurde Aluminiumoxid (Al_2O_3), welches z. T. bei Straßenbahnen eingesetzt wird, als Streumittel verwendet. Die übliche Austragsrate im Bereich bis zu einer Fahrzeuggeschwindigkeit $v_{Fzg} = 140$ km/h beträgt 400 g/30 s [ERA18]. Diese zeitbezogene Austragsrate hat den Nachteil, dass bei niedrigen Geschwindigkeiten eine große Menge Sand je Strecke ausgebracht wird. Aus diesem Grund ist ebenfalls eine streckenbezogene Austragsrate zulässig, welche ebenfalls in den Versuchen berücksichtigt wird. Zusätzlich wird Seifenlauge zur Simulation verminderter Kraftschlussbedingungen, welche beispielsweise im Herbst vorzufinden sind, eingesetzt. Es werden die Versuchsreihen I – V durchgeführt, so dass alle genannten Streumittel und Austragraten Berücksichtigung finden.

- Versuchsreihe I:
    - Streumittel: Quarzsand
    - Austragsrate: 0,5 g/m
- Versuchsreihe II:
    - Streumittel: Quarzsand
    - Austragsrate: 1,5 g/m
- Versuchsreihe III:
    - Streumittel: Quarzsand
    - Austragsrate: 3,0 g/m
- Versuchsreihe IV:
    - Streumittel: Quarzsand
    - Austragsrate: 400 g/30 s
- Versuchsreihe V:
    - Streumittel: Aluminiumoxid

- Austragsrate: 0,25 g/m

Jede Versuchsreihe besteht aus einer Anzahl Einzelversuchen mit unterschiedlichen Parametern:

- Streumittel
- Austragsrate
- Seifenlauge
- Bremszylinderdruck
- Bremsausgangsgeschwindigkeit

Die Konstellationen der unterschiedlichen Parameter des Einzelversuchs werden mit den in **Tab. 4.2** dargestellten Prüf-ID beschrieben. So erfolgte etwa ein Einzelversuch mit der Prüf-ID 12 mit dem Einsatz von Quarzsand bei einer Austragsrate von 3 g/m, und Seifenlauge. Der Bremszylinderdruck betrug $p_{Zyl} = 4{,}5$ bar und die Bremsausgangsgeschwindigkeit $v_0 = 60$ km/h.

Tab. 4.2: Übersicht der mit gewalztem Rad durchgeführten Versuche

Art	Prüf-ID	Streumittel	Seifenlauge	p_{max} [bar]	Geschwindigkeit [km/h]
Rekonditionierung	1	nein	nein	3,0	20
	2	nein	nein	4,5	20
	3	nein	nein	4,0	40
	4	nein	nein	4,5	40
	5	nein	nein	4,0	60
Ref.	6	nein	nein	4,5	60
GS*	7	nein	ja	4,5	60
Quarzsand	8	0.5 g/m	ja	4,5	60
	9	0.5 g/m	nein	4,5	60
	10	1.5 g/m	ja	4,5	60
	11	1,5 g/m	nein	4,5	60
	12	3 g/m	ja	4,5	60
	13	3 g/m	nein	4,5	60
	14	400 g/30 s	ja	4,5	60
	15	400 g/ 30 s	nein	4,5	60
Al_2O_3	16	0.25 g/m	ja	4,5	60
	17	0.25 g/m	nein	4,5	60

*GS = Gleitschutz

Da bei allen Einzelversuchen mit einer Prüf-ID ≥ 7 die Oberfläche des Rades mit Seifenlauge und oder einem Streumittel belastet wurde, wurde im Anschluss eine Anzahl von Versuchen (Prüf-ID 1 - 6) ohne Zwischenmedium im Kontakt in beliebiger Reihenfolge durchgeführt.

Dadurch wurden die Kontaktverhältnisse rekonditioniert und sowohl die Oberfläche des Rades als auch die der Schienenscheibe wieder geglättet.

Die Versuchsreihen setzten sich somit aus den folgenden Einzelversuchen zusammen:

- Versuchsreihe I: Prüf-ID 1 – 7, Prüf-ID 8, Prüf-ID 9
- Versuchsreihe II: Prüf-ID 1 – 7, Prüf-ID 10, Prüf-ID 11
- Versuchsreihe III: Prüf-ID 1 – 7, Prüf-ID 12, Prüf-ID 13
- Versuchsreihe IV: Prüf-ID 1 – 7, Prüf-ID 14, Prüf-ID 15
- Versuchsreihe V: Prüf-ID 1 – 7, Prüf-ID 16, Prüf-ID 17

Planung der Versuche mit dem ungewalzten Rad

Mit dem ungewalzten Rad wurden ausschließlich Versuche ohne Streumittel im Kontakt durchgeführt. Die Einzelversuche umfassten die Prüf-ID 1 – 7.

Um ein aussagekräftiges Ergebnis zu erzielen, wurden in Summe etwa 1.300 Einzelversuche in verschiedenen Konfigurationen durchgeführt.

4.2.1 Beschreibung des Prüfstands

Beim Einzelrad-Rollprüfstand (siehe **Abb. 4.3**) handelt es sich um einen Zweischeibenprüfstand zur Bestimmung der im Kontakt auftretenden Kräfte und Schlüpfe. Zur Darstellung des Fahrzeuges wird ein Stadtbahnrad (Profil der STUTTGARTER STRAßENBAHNEN AG) mit einem Durchmesser d_{Fzg} = 635 mm eingesetzt. Die Schiene wird durch eine Scheibe mit einem Durchmesser $d_{Schiene}$ = 1260 mm repräsentiert. Das Profil des Schienenkopfes entspricht dem Profil S49 [DIN17b] mit einer Einbauneigung γ = 1/40. Beide Scheiben sind aus Stahlder Güte ER7 (vgl. Tab. 2.1) gefertigt.

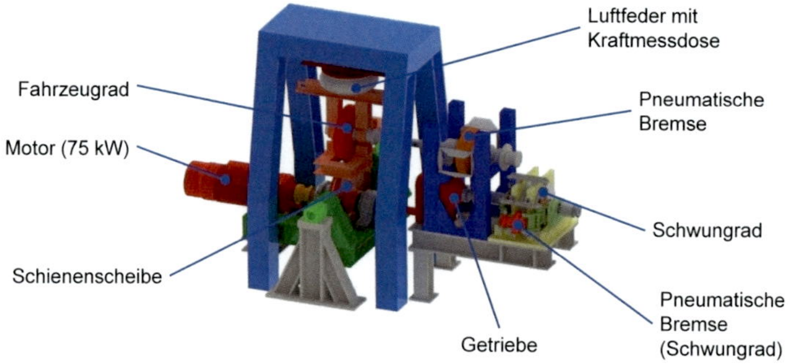

Abb. 4.3: CAD-Modell des Einzelrad-Rollprüfstandes

Zur Simulation der translatorisch bewegten Fahrzeugmasse m_{Fzg} kommt eine Schwungmasse zum Einsatz. Diese ist mittels Getriebe (i_{Getr} = 10,19) an die Schienenscheibe angebunden, wobei die Schwungmasse zur höheren Drehzahl übersetzt wird. Die rotatorisch gespeicherte kinetische Energie wirkt im Rad-Schiene Kontakt wie die Energie der translatorischen Energie eines Fahrzeuges. Dies wird durch den Zusammenhang der Energieerhaltung aus Gl. (4.4) deutlich.

$$\frac{1}{2}\cdot m_{Fzg}\cdot v_{Fzg}^2=\frac{1}{2}\cdot J_{Sch}\cdot \omega_{Sch}^2$$

$$\begin{aligned} m_{Fzg} &= Fahrzeugmasse \\ v_{Fzg} &= Fahrzeugmasse \\ J_{Sch} &= Trägheitsmoment\ der\ Schienenscheibe \\ \omega_{Sch} &= Winkelgeschwindigkeit\ der\ Schienenscheibe \end{aligned} \quad (4.4)$$

Die Schienengeschwindigkeit, welche die Fahrzeuggeschwindigkeit v_{Fzg} über Grund darstellt, lässt sich als Gl. (4.5) formulieren.

$$v_{Fzg}=\frac{d_{Sch}}{2}\cdot \omega_{Sch} \qquad d_{Sch} = Durchmesser\ der\ Schienenscheibe \quad (4.5)$$

Unter Berücksichtigung der Getriebeübersetzung i_{Getr} folgt durch Einsetzen von Gl. (4.5) in Gl. (4.4). der Zusammenhang zwischen simulierter Fahrzeugmasse m_{Fzg} und Trägheitsmoment der Schwungmasse gemäß Gl. (4.6)

$$m_{Fzg}=4\cdot\frac{J_{Sch}}{d_{Sch}^2}\cdot i_{Getr}^2 \qquad i_{Getr} = Getriebeübersetzung \quad (4.6)$$

wobei die Getriebeübersetzung quadratisch eingeht. Die translatorisch bewegte Fahrzeugmasse beträgt $m_{Fzg} = 7{,}7t$. Die Drehzahl der Schienenscheibe wurde mittels Polrades in Kombination mit einem induktiven Geber erfasst.

Die Radaufstandskraft wurde mit Hilfe eines Luftfederbalgs auf das Fahrzeugrad aufgebracht. Die Kräfte in Längs- und Querrichtung des Rades wurden mit Hilfe von Lenkern abgestützt. Unterhalb des Luftbalgs und innerhalb der Lenker befanden sich Kraftmessdosen, so dass die Belastung des Rades in alle Raumrichtungen bestimmt werden konnte. Zum Abbremsen des Rades kam eine pneumatische Bremse zum Einsatz. Zur Bestimmung der Bremskraft wurde die Kraft in der Momentenstütze der drehbar zur Bremsscheibe gelagerten Bremszange mittels Kraftmessdose erfasst. Der Bremsdruck p_{Zyl} wurde mit einem Proportionalventil eingestellt. Sowohl der Bremszylinderdruck als auch der Druck des Luftbalgs wurden mittels Drucktransmitter erfasst.

Des Weiteren verfügte die Bremse über Gleitschutzventile (siehe **Abb. 4.4**) mit den Funktionen „*Halten*“ und „*Entlüften*“.

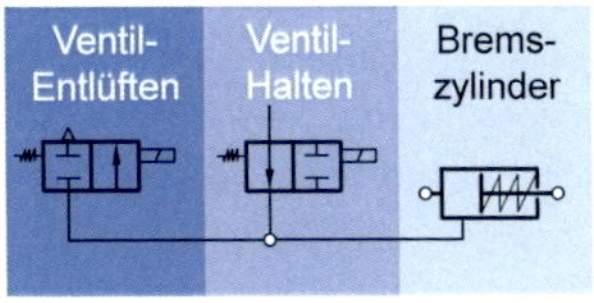

Abb. 4.4: pneumatische Anordnung der Gleitschutzventil

Beide Ventile wurden in Abhängigkeit des sich einstellenden Schlupfes (**Abb. 4.5**, Berechnung gemäß (2.27)) angesteuert.

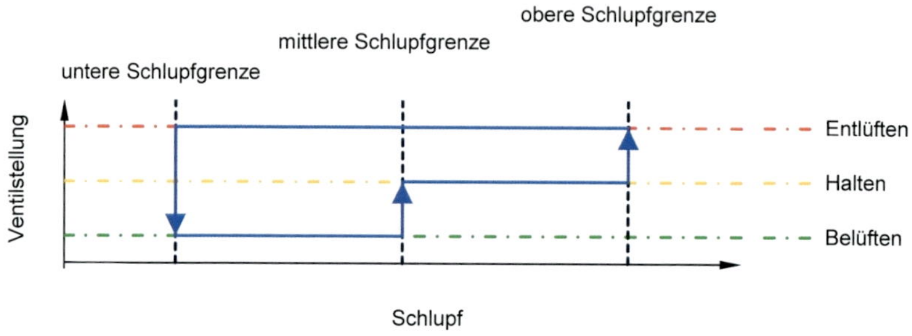

Abb. 4.5: Funktionsweise des Gleitschutzreglers

In der Grundstellung befanden sich beide Ventile (Halten und Entlüften) in der in Abb. 4.4 dargestellten Stellung. Der Bremszylinder wurde somit belüftet. Stieg der Schlupf bis zur mittleren Schlupfgrenze, so wurde das Ventil „Halten" angesteuert, so dass der Druck im Bremszylinder nicht weiter ansteigt. Stieg der Schlupf weiter bis zur oberen Schlupfgrenze, so wurde zusätzlich das Ventil „Entlüften" angesteuert. Der Druck im Bremszylinder wurde bis minimal $p_{Zyl} = 0$ bar reduziert. Hierdurch verringerten sich die Bremskraft und der Schlupf. Sank der Schlupf bis zur unteren Schlupfgrenze, so wurden beide Gleitschutzventile in ihre Ausgangslage zurückgestellt und der Bremszylinder wurde wieder belüftet. Die Nachfolgende **Tab. 4.3** zeigt die während der gesamten Versuche eingestellten Schlupfgrenzen

Tab. 4.3: Während der gesamten Versuche eingestellten Schlupfgrenzen

Untere Schlupfgrenze	4,0 %
Mittlere Schlupfgrenze	7,5 %
Obere Schlupfgrenze	15,0 %

Die Drehzahl des Fahrzeugrades wurde ebenfalls mittels Polrad in Kombination mit einem induktiven Geber erfasst. Bei niedrigen Geschwindigkeiten ($v \lesssim 5$ km/h) kam es zu vermehrten Eingriffen des Reglers, da der Schlupf durch die niedrige Referenzgeschwindigkeit hohe Werte annahm.

Zur Beeinflussung des Kraftschlussbeiwertes bestand die Möglichkeit, Flüssigkeiten oder ein Streumittel in den Kontakt einzubringen (vgl. **Abb. 4.6**) Das Streumittel wurden mit einem Zellrad gefördert und anschließend mit Druckluft in den Rad-Schiene Kontakt geblasen. Druckluft und Zellrad konnten separat angesteuert werden, womit sichergestellt wurde, dass die Sandzufuhr nach dem Sandungsvorgang vollständig sandfrei war. Die Ungenauigkeit der Sandförderung hatte die Größenordnung einer Zelle des Zellrades. Die Aufzeichnung der Messdaten und die Steuerung bzw. Regelung des Prüfstandes wurde mittels Echtzeitsystem der Firma „dSpace" realisiert. Diese Hardware ermöglicht das Erfassen von Sensordaten und die Ansteuerung verschiedener Aktuatoren. Die Verknüpfung zwischen Ein- und Ausgängen wurde mit der Software SIMULINK umgesetzt.

Abb. 4.6: Einbausituation von Sand- und Bewässerungsrohr beim Sanden

Aufgrund der oben beschriebenen Anordnung wurde die rotatorisch gespeicherte Energie während des Bremsvorgangs zum einen in Reibarbeit im Rad-Schiene Kontakt, und zum anderen in Reibarbeit in der Scheibenbremse umgesetzt. Somit wurden die Kontaktverhältnisse zwischen Rad und Schiene realitätsnah abgebildet, dennoch galt es einige Unterschiede zur Realität zu berücksichtigen:

- Der Krümmungsradius der Schiene (in der Ebene) in Längsrichtung ist unendlich, wohingegen der Krümmungsradius der Schienenscheibe endlich ist, wodurch sich eine zur Realität unterschiedliche Kontaktfläche einstellt.

- Das Fahrzeugrad des Prüfstandes überrollt nach einer Umdrehung der Schienenscheibe dieselbe Stelle ein weiteres Mal, wohingegen ein Fahrzeugrad in der Realität nahezu unüberrollte Schienen befährt. Somit ist ein möglicher Einfluss von Konditionierungseffekten zu berücksichtigen.

- Das Fahrzeugrad hat gegenüber der Schiene eine weitestgehend konstante Lage, somit bleibt auch die Lage des Berührpunkts in lateraler Richtung konstant. Effekte durch den Radquerbewegungen bleiben unberücksichtigt.

- In der Realität bleibt das eingesetzte Streumittel zum Teil auf dem Gleis liegen, so dass der Rad-Schiene-Kontakt der folgenden Räder ebenfalls (positiv) beeinflusst wird. Dieser Effekt wird durch den Prüfstand nicht abgebildet.

Zur kontinuierlichen Erfassung des Zustandes der Oberfläche kam der in **Abb. 4.7** links dargestellte Streulichtsensor (vgl. Kap. 2.1.2) zum Einsatz. Der Vorteil der winkelauflösenden Streulichtmesstechnik gegenüber anderen Verfahren ist das berührungslose Messprinzip und eine hohe Wiederholgenauigkeit der Messungen. Weiterhin ist das Verfahren robust gegenüber geringen Abstandsänderungen und Flüssigkeitsfilmen auf der Oberfläche.

Abb. 4.7: links: Einbausituation des Streulichtsensors (OPTOSURF OS 500)
rechts: Taktile Radprofilermittlung

In der in Abb. 4.7 dargestellten Lage wurde der Gradient der Oberflächenrauheit in Umfangsrichtung des Rades erfasst. Jede andere Erfassungsrichtung ist ebenfalls möglich. Die Abtastrate des Sensors beträgt f_{OS500} = 1 kHz, woraus folgt, dass bei einer Fahrzeuggeschwindigkeit v_{Fzg} = 60 km/h ein Messbereich je Abtastpunkt von s_{mess} = 16,67 mm überstrichen wurde (siehe **Abb. 4.8**). Des Weiteren wurde die Rauheit der Radoberfläche bei Stillstand des Rades manuell mit einem taktil arbeitenden Rauheitsmessgerät (MARSURF PS1 Fa. Mahr) quer zur Laufrichtung erfasst.

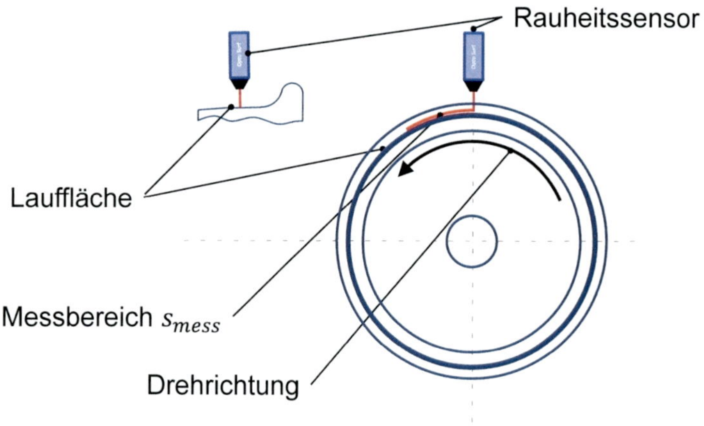

Abb. 4.8: Messprinzip des Rauheitssensors auf der Lauffläche

Die Änderung des Radprofils wurde mit dem Messgerät MINIPROF (siehe Abb. 4.7) der Firma GREENWOOD bestimmt. Zur Erfassung der Härte kam das Rückprallhärtemessgerät DYNAROCK II (Fa. BAQ) zum Einsatz.

4.2.2 Beschreibung des Einzelversuchs

Wie in Kapitel 1 dargestellt sollten die Prüfstandversuche die Belastung des Rades im Stadtbahnbetrieb nachgebildet werden. Folglich stellt jeder Einzelversuch einen Fahrzyklus (**Abb. 4.9**) aus den Phasen Beschleunigen, Rollen und Bremsen dar.

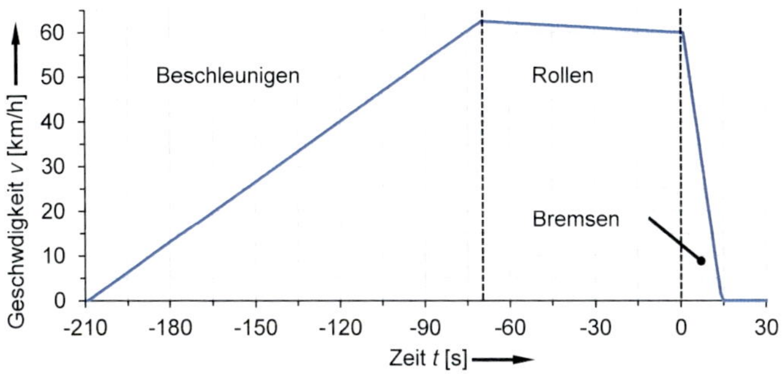

Abb. 4.9: Phasen des Einzelversuchs

Während der Beschleunigungsphase wurden Schienenscheibe und Rad mit a ≈ 0,125 m/s² bis etwa 2 km/h oberhalb der Bremsausgangsgeschwindigkeit v_0 beschleunigt. In der Phase des Rollens wurde die Geschwindigkeit ausschließlich durch die prüfstandsinternen Reibungswiderstände bis v_0 (exemplarisch Abb. 4.9, $v_0 = 60$ km/h) reduziert, um nachfolgend abgebremst zu werden.

Des Weiteren wurde eine große Anzahl an Versuchen mit dem Einsatz von Streumitteln, Flüssigkeit oder beidem im Kontakt durchgeführt. Als kraftschlussreduzierende Flüssigkeit wurde Seifenlauge in Anlehnung an das UIC-Merkblatt UIC 541-05 [UIC16] eingesetzt.

Der Seifengehalt wurde so gewählt, dass die Seifenlauge einen Anteil wirksamer Tenside 0,5 ≤ Vol-% ≤ 1 % aufweist. Weiterhin schreibt das Merkblatt vor, dass der Anfangshaftwert einen bestimmten Wert annimmt (vgl. Kap. 2.2, Abb. 2.10) und sich über die Dauer des Einzelversuches ein bestimmter Schlupf einstellt. Diese beiden Kriterien fanden bei den Prüfstandversuchen keine Berücksichtigung. Alle Versuche mit kraftschluss-beeinflussenden Zwischenmedien wurden mit einer Bremsausgangsgeschwindigkeit $v_0 = 60$ km/h durchgeführt. Wie in **Abb. 4.10** dargestellt wurde die Zwischenmedien bei einer Geschwindigkeit $v = 55$ km/h bis zum Erreichen der Geschwindigkeit $v = 20$ km/h in den Kontakt eingebracht.

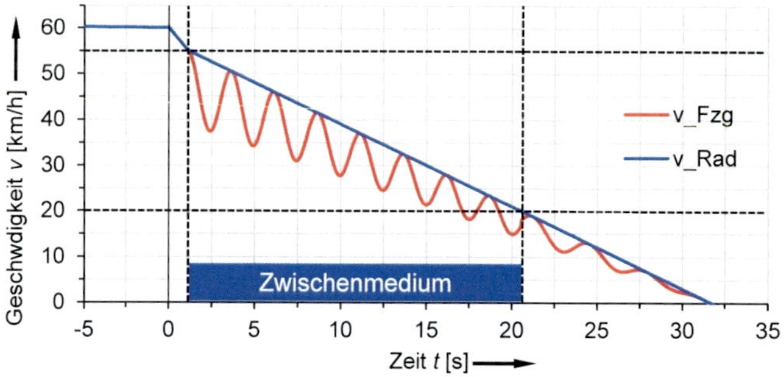

Abb. 4.10: Bremsphase des Einzelversuchs mit Zwischenmedium

Weiterhin wurden nach jedem Versuch mit Zwischenmedium Versuche bei trockenem Kontakt durchgeführt. Hierbei waren die Bremsausgangsgeschwindigkeiten $v_0 = 20, 40, 60$ km/h. Die Reihenfolge der Versuche wurde zufällig gewählt, so dass Konditionierungseffekte im Kontakt ausgeschlossen werden konnten.

Auswertung der Einzelversuche

Da die Bremsungen im Regelfall nicht exakt bei der Bremsausgangsgeschwindigkeit v_0, sondern aus einer abweichenden Geschwindigkeit $v_{i,mess}$ begonnen werden, muss der gemessene Anhalteweg $s_{i,mess}$ des i-ten Einzelversuchs korrigiert werden. Die Korrektur erfolgt gemäß Gl. (4.7) unter Voraussetzung konstanter Verzögerung.

$$s_{i,korr} = \frac{v_0^2}{v_{i,mess}^2} \cdot s_{i,mess} \tag{4.7}$$

$s_{i,korr} = korrigierter\ Anhalteweg\ des\ i - ten\ Einzelversuchs$
$s_{i,mess} = \ gemessener\ Anhalteweg\ des\ i - ten\ Einzelversuchs$
$v_0 = Bremsausgangsgeschwindigkeit$
$v_{i,mess} = Bremsausgangsgeschwindigket\ des\ i - ten\ Versuchs$

Eine Korrektur des mittleren Anhaltewegs hinsichtlich des Wirkungsgrades der Bremszange, des Durchmessers des Rades und der äquivalenten Bremsentwicklungszeit wurde nicht durchgeführt, da die Auswertung nur den Vergleich der Anhaltewege untereinander und nicht die Bestimmung der Bremsleistung im Sinne von UIC-Merkblatt 544-1 [UIC14] zum Ziel hatte. Die Standardabweichung σ_n folgt nach [UIC14] zu:

$$\sigma_n = \sqrt{\frac{\sum \left| s_{i,korr} - \bar{s}_{korr} \right|^2}{n}} \tag{4.8}$$

$\sigma_n = Standardabweichung gemäß [UIC14]$
$\bar{s}_{korr} = \ Mittelwert\ der\ korrigierten\ Anhaltewege\ gleicher\ Prüf\text{-}ID$
$innerhalb\ einer\ Versuchsreihe$
$n = Anzahl\ gültiger\ Versuch\ gleicher\ Prüf\text{-}\ ID\ innerhalb\ einer$
$Versuchsreihe$

Zu den Versuchen der Prüf-ID 6 bis 17 wurden mindestens vier gültige Einzelversuche durchgeführt. Ein Einzelversuch wurde als gültig gewertet, wenn die Bremsausgangsgeschwindigkeit $v_{i,mess}$ die Grenzen v_0 ±4 km/h einhielt.

4.2.3 Ergebnisse der Prüfstandversuche mit gewalztem Rad

Folgendes Kapitel zeigt die Ergebnisse der Versuchsreihen inklusive der relevanten Einzelversuche der jeweiligen Versuchsreihen. Insgesamt wurden 493 gültige Versuche durchgeführt. Der Großteil dieser Versuche diente der Rekonditionierung des Rades und der Schienenscheibe. Der Vergleich der Ergebnisse mit dem gewalzten und ungewalzten Rad, sowie die Diskussion der Ergebnisse ist in Kapitel 4.2.5 dargestellt.

4.2.3.1 Versuchsreihe I - Quarzsand - Austragrate: 0,5 g/m

Die Versuche wurden mit einem neu reprofilierten und gewalzten Rad durchgeführt. Aus **Abb. 4.11** wird ersichtlich, dass die Fahrfläche (Kontaktbereich) auf dem Rad etwa eine Breite von $b_{Fahrfläche}$ = 11 mm aufweist. Weiterhin ist zu erkennen, dass die Fahrfläche eine sehr glatte Oberfläche zeigt. Bis zum Abschluss des letzten Versuches der Prüf-ID 7 (Seifenlauge) war die Oberfläche vergleichbar zu der in Abb. 4.11.

Abb. 4.11: Ermittelte Fahrfläche auf dem Rad

Während der Versuche mit Seifenlauge wurden taktile Messungen der Rauheit in Querrichtung zur Laufrichtung vorgenommen. Hier wurden Werte 0,82 ≤ R_a ≤ 1,81 µm erfasst.

Die **Abb. 4.12** links zeigt die Fahrfläche nach dem ersten Versuch mit der Prüf-ID 9 (Sand). Hier ist eine deutliche Aufrauhung der Oberfläche zu erkennen. Nach diesem Versuch wurde eine Rauheit R_a = 3,01 µm ermittelt. Insgesamt wurden bei dieser Versuchsreihe mit Sand Rauheiten 2,53 ≤ R_a ≤ 3,76 µm beobachtet.

In der folgenden **Abb. 4.12** rechts ist die Oberfläche des Rades nach einem Versuch mit Sand und Seifenlauge (Prüf-ID 8) zu sehen. Die während dieser Versuchsreihe ermittelten

Rauheiten betrugen $4{,}31 \leq R_a \leq 5{,}07$ µm. Hierin ist auffällig, dass sich bei den Versuchen mit Sand und Seifenlauge (Prüf-ID 9) eine höhere Rauheit eingestellt hat als bei jenen, bei denen ausschließlich Sand (Prüf-ID 8) mit in den Kontakt eingebracht wurde. Hieraus ergibt sich die Vermutung, dass bei Flüssigkeit im Kontakt mehr Sand an der Oberfläche haftet und sich folglich höhere Rauheiten einstellen.

Abb. 4.12: links: Fahrfläche nach Versuch 469, Prüf-ID 9, Sand
rechts: Fahrfläche nach Versuch 526, Prüf-ID 8, Sand + Seifenlauge

Die während der Versuche erzielten Anhaltewege sind in **Tab. 4.4** dargestellt. Der mittlere korrigierte Anhalteweg der Versuche mit Seifenlauge und Sand betrug $s_{korr,m} = 155$ m. Der mittlere korrigierte Anhalteweg der Referenzversuche (Prüf-ID 6) wurde zu $s_{korr,m} = 94$ m ermittelt. Somit ergibt sich bei den Versuchen mit Sand und Seifenlauge eine Anhaltewegverlängerung von etwa 65 % in Bezug zu den Referenzversuchen.

Tab. 4.4: Ergebnisse der Versuchsreihe I (gewalztes Rad)

	Einzel-versuch [xxx]	Prüf-ID	Streumittel	Seifenlauge	pZyl [bar]	Geschwindigkeit v_0 [km/h]	$v_{i,mess}$ [km/h]	Weg $s_{i,mess}$ m	$s_{i,korr}$ [m]	Standardabw. (Kriterium I/II) $\lvert s_{i,korr}-s_{m,korr}\rvert$ [m]	σ_n [m]	σ_n/s_m I	extr-mw II
Referenzversuche		6											
	252		nein	nein	4,50	60	58,78	89,13	92,87	0,89			
	257		nein	nein	4,50	60	58,85	89,88	93,41	0,34			
	266		nein	nein	4,50	60	59,09	95,62	98,58	4,83			
	269		nein	nein	4,50	60	58,02	89,34	95,53	1,78			
	273		nein	nein	4,50	60	58,95	88,66	91,84	1,92			
	283		nein	nein	4,50	60	58,61	87,39	91,58	2,18			
	293		nein	nein	4,50	60	58,36	88,17	93,21	0,54			
	298		nein	nein	4,50	60	58,49	87,12	91,66	2,09			
	309		nein	nein	4,50	60	58,67	88,01	92,04	1,72			
	313		nein	nein	4,50	60	59,02	88,02	90,98	2,78			
	323		nein	nein	4,50	60	58,94	95,68	99,15	5,40			
	331		nein	nein	4,50	60	58,68	87,48	91,47	2,28			
	344		nein	nein	4,50	60	58,77	91,60	95,48	1,73			
	355		nein	nein	4,50	60	58,81	96,57	100,52	6,77			
	363		nein	nein	4,50	60	58,42	88,83	93,71	0,04			
	371		nein	nein	4,50	60	58,80	88,41	92,05	1,70			
	375		nein	nein	4,50	60	58,20	87,83	93,35	0,41			
	388		nein	nein	4,50	60	58,65	94,08	98,47	4,72			
	403		nein	nein	4,50	60	58,38	87,25	92,16	1,60			
	406		nein	nein	4,50	60	59,08	90,98	93,84	0,08			
	424		nein	nein	4,50	60	58,37	86,11	90,98	2,78			
	434		nein	nein	4,50	60	59,14	92,82	95,54	1,78			
	437		nein	nein	4,50	60	58,63	88,50	92,68	1,07			
	447		nein	nein	4,50	60	59,00	89,18	92,25	1,51			
	461		nein	nein	4,50	60	58,74	87,28	91,07	2,68			
	463		nein	nein	4,50	60	58,93	95,05	98,55	4,80			
	474		nein	nein	4,50	60	59,46	96,10	97,86	4,11			
	481		nein	nein	4,50	60	58,71	86,36	90,21	3,55			
	487		nein	nein	4,50	60	58,69	85,19	89,03	4,72			
	497		nein	nein	4,50	60	59,01	96,90	100,16	6,41			
	511		nein	nein	4,50	60	58,67	85,47	89,39	4,37			
	535		nein	nein	4,50	60	58,54	86,12	90,48	3,27			
								Mittelwert	***93,75 m***		3,21	3,42%	6,77
		7											
	304		nein	ja	4,50	60	58,85	185,70	193,04	16,41			
	310		nein	ja	4,50	60	58,91	156,98	162,84	13,79			
	319		nein	ja	4,50	60	59,36	164,16	167,69	8,94			
	336		nein	ja	4,50	60	59,13	168,05	173,06	3,57			
	425		nein	ja	4,50	60	59,11	181,05	186,52	9,89			
											11,40	6,45%	16,41
								Mittelwert	***176,63 m***				
		8											
	500		0.5 g/m	ja	4,50	60	58,97	150,54	155,85	1,08			
	514		0.5 g/m	ja	4,50	60	59,29	151,97	155,61	0,84			
	526		0.5 g/m	ja	4,50	60	58,80	149,06	155,19	0,43			
	538		0.5 g/m	ja	4,50	60	60,00	152,44	152,42	2,35			
			0.5 g/m	ja	4,50	60							
											1,38	0,89%	2,35
								Mittelwert	***154,77 m***				
		9											
	469		0.5 g/m	nein	4,50	60	58,75	85,50	89,17	1,46			
	507		0.5 g/m	nein	4,50	60	58,83	87,37	90,89	0,26			
	520		0.5 g/m	nein	4,50	60	58,38	85,12	89,92	0,71			
	532		0.5 g/m	nein	4,50	60	58,49	87,96	92,54	1,91			
											1,26	1,39%	1,91
								Mittelwert	***90,63 m***				

4.2.3.2 Versuchsreihe II - Quarzsand - Austragrate: 1,5 g/m

Die folgenden **Abb. 4.13** und **Abb. 4.14** zeigen das Rad nach dem Versuch mit Sand und Seifenlauge (Prüf-ID 10) bzw. nach dem Versuch mit Sand (Prüf-ID 11)

Abb. 4.13: Fahrfläche nach Versuch 550, Prüf-ID 10, Sand + Seifenlauge

Vergleichbar zu den Versuchen mit einer Austragrate von *m'* = 0,5 g/m wirkt die Fahrfläche nach den Versuchen mit Sand matter, was auf eine größere Rauheit schließen lässt. Dieser Eindruck wird durch die Messung allerdings nicht bestätigt.

Während der Versuchsreihe wurden folgende Rauheiten gemessen:

- Prüf-ID 7 $1{,}81 \leq R_a \leq 3{,}12$ µm Seifenlauge
- Prüf-ID 10 $5{,}53 \leq R_a \leq 6{,}70$ µm Sand + Seifenlauge
- Prüf-ID 11 $5{,}43 \leq R_a \leq 8{,}83$ µm Sand

Abb. 4.14: Fahrfläche nach Versuch 595, Prüf-ID 11, Sand

In **Tab. 4.5** sind die ermittelten Anhaltewege dargestellt. Hier zeigt sich, dass die Versuche mit Seifenlauge (Prüf-ID 7) ($s_{korr,m}$ = 316 m) im Vergleich zu denen der vorherigen Messreihe ($s_{korr,m}$= 177 m) deutlich länger ausfallen.

Dies ist möglicherweise auf die erhöhte Oberflächenrauheit zurückzuführen (siehe Hypothese im Anhang). Der mittlere korrigierte Anhalteweg beim Einsatz von Sand und Seifenlauge fällt mit $s_{korr,m} = 125$ m kürzer als der zuvor ermittelte aus. Verglichen mit den trockenen Referenzversuchen ($s_{korr,m} = 94$ m) folgt eine Anhaltewegverlängerung von etwa 33 %.

Tab. 4.5: Zusammenfassung der Ergebnisse der Versuchsreihe II (gewalztes Rad)

Prüf-ID	Streumittel	Seifenlauge	pZyl [bar]	Geschwindigkeit v_0 [km/h]	Weg	Standardabw. (Kriterium I/II) σ_n [m]	σ_n/s_m I	extr-mw II
6	nein	nein	4,50	60	***Mittelwert 93,74 m***	3,11	3,32%	7,43
7	nein	ja	4,50	60	***Mittelwert 313,50 m***	23,88	7,62%	46,49
10	1,5 g/m	ja	4,50	60	***Mittelwert 125,48 m***	32,24	25,70%	37,47
11	1,5 g/m	nein	4,50	60	***Mittelwert 91,73 m***	2,19	2,38%	3,38

4.2.3.3 Versuchsreihe III - Quarzsand - Austragrate: 3,0 g/m

Die im Anhang dargestellten **Abb. A.6** und **Abb. A.7** zeigen die Fahrfläche des Rades nach den Einzelversuchen 655 und 711. Die während dieser Versuchsreihe erfassten Rauheiten wurden wie folgt ermittelt:

- Prüf-ID 7 — $R_a \approx 3{,}36$ µm (eine Messung) — Seifenlauge
- Prüf-ID 12 — $5{,}41 \leq R_a \leq 9{,}66$ µm — Sand + Seifenlauge
- Prüf-ID 13 — $3{,}47 \leq R_a \leq 6{,}64$ µm — Sand

Aus **Tab. 4.6** wird ersichtlich, dass der korrigierte mittlere Anhalteweg bei den Versuchen mit Seifenlauge und Sand $s_{korr,m} = 122$ m beträgt.

Tab. 4.6: Zusammenfassung der Ergebnisse der Versuchsreihe III (gewalztes Rad)

Prüf-ID	Streumittel	Seifenlauge	pZyl [bar]	Geschwindigkeit v_0 [km/h]	Weg	Standardabw. (Kriterium I/II) σ_n [m]	σ_n/s_m I	extr-mw II
6	nein	nein	4,50	60	*Mittelwert* ***92,97 m***	2,23	2,40%	5,13
7	nein	ja	4,50	60	*Mittelwert* ***282,97 m***	15,95	5,64%	26,56
12	3,0 g/m	ja	4,50	60	*Mittelwert* ***121,82 m***	5,73	4,71%	9,22
13	3,0 g/m	nein	4,50	60	*Mittelwert* ***91,27 m***	1,62	1,78%	2,50

Die Referenzmessungen bei trockenem Kontakt haben einen mittleren korrigierten Anhalteweg von $s_{korr,m} = 93$ m ergeben, woraus eine Anhaltewegverlängerung von etwa 30 % resultiert.

4.2.3.4 Versuchsreihe IV - Quarzsand - Austragrate: 400 g/30 s

Folgend sind die Ergebnisse der Versuche mit einer konstanten Austragrate *m'* = 400 g/30 s dargestellt (**Tab. 4.6**). Die Oberflächen der Fahrflächen nach den Einzelversuchen 764 und 793 sind in **Abb. A.8** und **Abb. A.9** dargestellt. Es wurden folgende Rauheiten während der Versuchsreihe ermittelt:

- Prüf-ID 7 — $1{,}84 \leq R_a \leq 3{,}74$ µm — Seifenlauge
- Prüf-ID 14 — $5{,}02 \leq R_a \leq 6{,}65$ µm — Sand + Seifenlauge
- Prüf-ID 15 — $3{,}02 \leq R_a \leq 5{,}74$ µm — Sand

Der mittlere korrigierte Anhalteweg der Versuche mit Seifenlauge betrug $s_{korr,m} = 139$ m.

Tab. 4.7: Zusammenfassung der Ergebnisse der Versuchsreihe IV (gewalztes Rad)

Prüf-ID	Streumittel	Seifenlauge	pZyl [bar]	Geschwindigkeit v_0 [km/h]	Weg	Standardabw. (Kriterium I/II) σ_n [m]	σ_n/s_m I	extr-mw II
6	nein	nein	4,50	60	*Mittelwert 93,79 m*	1,37	1,46%	2,52
7	nein	ja	4,50	60	*Mittelwert 350,95 m*	33,32	9,49%	52,19
14	400 g/30 s	ja	4,50	60	*Mittelwert 138,67 m*	3,10	2,23%	5,33
15	400 g/30 s	nein	4,50	60	*Mittelwert 94,78 m*	2,59	2,73%	4,09

Hieraus ergibt sich eine Anhaltewegverlängerung von etwa 48 % im Vergleich zu dem korrigierten Anhalteweg der Referenzversuche (Prüf-ID 6). Bei diesem wurde der Weg zu $s_{korr,m} = 94$ m ermittelt.

4.2.3.5 Versuchsreihe V - Aluminiumoxid - Austragrate: 0,25 g/m

Die Ergebnisse der Messreihe mit dem Einsatz von Aluminiumoxid werden im folgenden Kapitel dargestellt. Die **Abb. A.10** und **Abb. A.11** zeigen die Oberfläche der Fahrfläche nach den Versuchen 843 (Prüf-ID 16) und 874 (Prüf-ID 17). Es wurden die folgenden Rauheiten während der Versuchsreihe ermittelt.

- Prüf-ID 7 — $2{,}52 \leq R_a \leq 3{,}88$ µm — Seifenlauge
- Prüf-ID 16 — $4{,}84 \leq R_a \leq 7{,}69$ µm — Sand + Seifenlauge
- Prüf-ID 17 — $6{,}17 \leq R_a \leq 7{,}38$ µm — Sand

Die ermittelten Anhaltewege sind in der folgenden **Tab. 4.8** dargestellt. Der mittlere korrigierte Anhalteweg der Messungen mit Prüf-ID 16 (Seifenlauge und Sand) betrug $s_{korr,m} = 125$ m.

Tab. 4.8: Zusammenfassung der Ergebnisse der Versuchsreihe V (gewalztes Rad)

Prüf-ID	Streumittel	Seifenlauge	pZyl [bar]	Geschwindigkeit v_0 [km/h]	Weg	Standardabw. (Kriterium I/II) σ_n [m]	σ_n/s_m I	extr-mw II
6	nein	nein	4,50	60	*Mittelwert 94,67 m*	2,52	2,66%	5,10
7	nein	ja	4,50	60	*Mittelwert 221,16 m*	4,97	2,25%	6,89
16	0,25 g/m	ja	4,50	60	*Mittelwert 128,07 m*	2,26	1,77%	3,62
17	0,25 g/m	nein	4,50	60	*Mittelwert 95,01 m*	0,80	0,85%	1,16

Da der mittlere korrigierte Anhalteweg der Referenzversuche bei trockenem Kontakt $s_{korr,m} = 95$ m betrug, ergibt sich die Verlängerung der Anhaltewege der Prüf-ID 15 zu etwa 35 %.

4.2.3.6 Vergleich der Anhaltewege der Messreihen mit gewalztem Rad

Im folgenden Abschnitt werden die Versuchsreihen untereinander verglichen. Hierfür sind die mittleren korrigierten Anhaltewege der einzelnen Versuchsreihen in **Tab. 4.9** zusammengefasst. Der *„delta %"*-Wert bezeichnet die prozentuale Verlängerung des Anhaltewegs in Bezug auf die jeweiligen Ergebnisse der Prüf-ID 6 (trockener Kontakt).

Tab. 4.9: Vergleich der Versuchsreihen

		Prüf-ID 6	Prüf-ID 7		Sand & Seifenlauge		Sand	
		$s_{korr,m}$	$s_{korr,m}$	*delta %*	$s_{korr,m}$	*delta %*	$s_{korr,m}$	*delta %*
Austragrate	0,5 g/m	93,8 m	176,6 m	88,4%	154,8 m	65,1%	90,6 m	-3,3%
Austragrate	1,5 g/m	93,7 m	313,5 m	234,4%	125,5 m	33,9%	91,7 m	-2,1%
Austragrate	3,0 g/m	93,0 m	283,0 m	204,4%	121,8 m	31,0%	91,3 m	-1,8%
Austragrate	400 g/30 s	93,8 m	350,9 m	274,2%	138,7 m	47,9%	94,8 m	1,1%
Austragrate	0,25 g/m*	94,7 m	221,2 m	133,6%	128,1 m	35,3%	95,0 m	0,4%

* Al_2O_3

Hier zeigt sich, dass sich die geringsten Verlängerungen in Bezug auf den Referenzversuch bei den Austragraten von Quartzsand *m'* = 1,5 g/m und *m'* = 3 g/m einstellen. Die Verlängerung bei der Verwendung von Aluminiumoxid bewegt sich in der gleichen Größenordnung.

Die Anhaltewege unter Verwendung von Streumitteln lagen alle in einer gleichen Größenordnung wie die Referenzversuche. Hiermit wurde gezeigt, dass die hohe Belastung des gewalzten Rades durch den häufigen Einsatz von Streumitteln keinen negativen Einfluss auf die Kraftschlusseigenschaften hat.

Folgende **Abb. 4.15** zeigt den mittleren Kraftschlussbeiwert über Δv = 5 km/h Intervalle für die Versuchsreihen mit Seifenlauge und Streumittel. Hierin beschreibt eine Kurve den mittleren Kraftschlussbeiwert über alle Einzelversuche der jeweiligen Prüf-ID. Besonders auffällig ist der mittlere Kraftschluss im Bereich $v \approx 45$ km/h und $v \leq 5$ km/h. Der Einbruch im oberen Geschwindigkeitsbereich ist auf das Zuführen der Seifenlauge in den Kontakt zurückzuführen. Im unteren Geschwindigkeitsbereich hingegen resultiert der Rückgang des mittleren Kraftschluss aus den Regeleigenschaften des Gleitschutzregler (vgl. Kap. 4.2.1), mit dem aus Pohlrädern ermittelten Schlupf als Regelgröße.

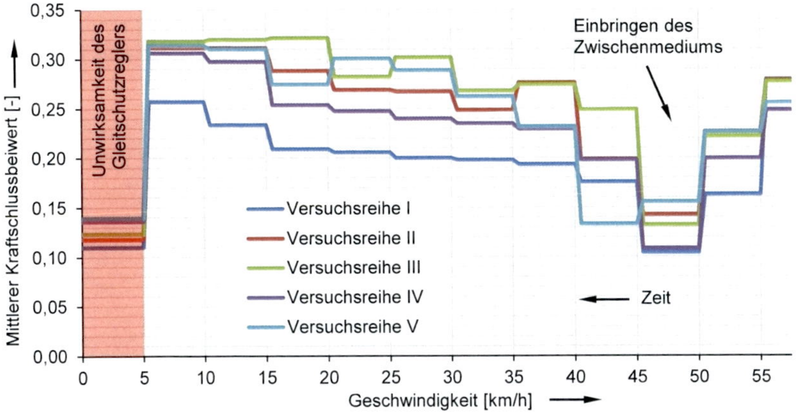

Abb. 4.15: Abschnittsweiser Kraftschluss (Versuchsreihen Seifenlauge und Sand)

Im Anhang sind die vergleichenden Diagramme mit dem abschnittsweisen und momentanen Kraftschlussbeiwert des Einzelversuchs dargestellt. Die **Abb. A.12** und **Abb. A.13** zeigen den abschnittsweisen mittleren Kraftschlussbeiwert der Versuchsreihe mit Seifenlauge und der Versuchsreihe mit Sand. Die Zahlenwerte dieser Abbildungen können **Tab. A.6** entnommen werden.

4.2.3.7 Metallographische Untersuchung des gewalzten Rades

Im Anschluss an die Versuche auf dem Einzelrad-Rollprüfstand (ERP) wurden die Räder metallographisch untersucht. Hierfür wurden einerseits Schliffe geätzt und andererseits Härtemessungen durchgeführt. Die Messungen wurden im Bereich der Berührfläche und in einem Bereich, in dem keine Berührung stattgefunden hat, durchgeführt. Durch die so gewählten Positionen lassen sich sowohl Aussagen über den Grundwerkstoff, als auch über den belasteten Bereich treffen. Die Positionen der Härtemessungen sowie der Schliffbilder sind in **Abb. 4.16** dargestellt. Im Schliffbild rechts (siehe auch **Abb. A.14**) ist das gewalzte Gefüge dargestellt. Der Einfluss des Walzens ist bis in eine Tiefe $t_z \approx 20$ µm erkennbar. Anhand der tiefergehenden Gefügeverformungen im mittleren Schliffbild (siehe auch **Abb. A.15)** ist die zusätzlich zum Walzen eingebrachte Belastung durch die Versuche am Einzelrad-Rollprüfstand erkennbar. Außerdem sind eine dünne weiße Schicht (Neuhärtzone) aufgrund des Temperatureintrags und eine durch das Streumittel verursachte Delle in der Oberfläche zu sehen.

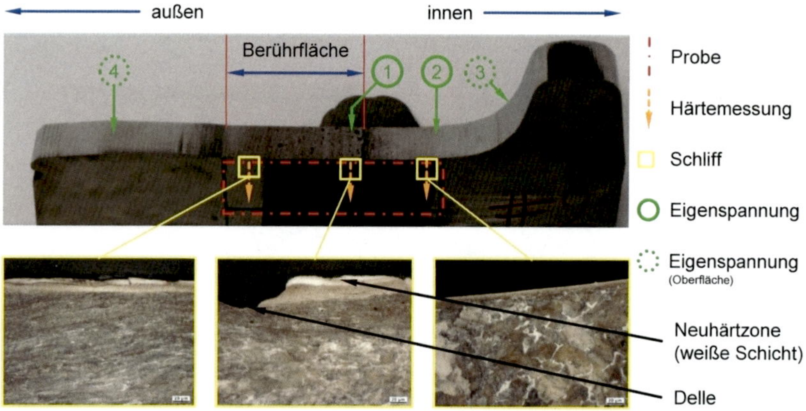

Abb. 4.16: Messpositionen und Schliffbilder des gewalzten Rades

Das linke Schliffbild (siehe auch **Abb. A.16**) entstammt dem äußeren Rand der Berührfläche. Hier werden die größten Gefügeänderungen aufgrund der äußeren Belastung der ERP Versuche deutlich. Diese erstrecken sich bis in eine Tiefe $t_z \approx 0{,}6$ mm. Ebenfalls deutlich zu erkennen ist eine dünne weiße Schicht.

Die Härteverläufe in die Tiefe sind in **Abb. 4.17** dargestellt. Diese wurden in unmittelbarer Nähe der Schliffe ermittelt.

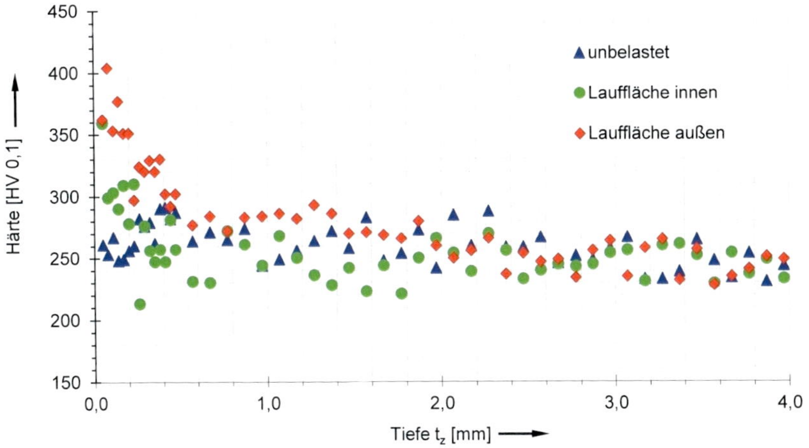

Abb. 4.17: Härteverläufe in die Tiefe

Aus der Abb. 4.17 ist zu entnehmen, dass die Härte der Berührfläche zur Radoberfläche hin stark zunimmt. Am äußeren Rand der Berührfläche wurden die größten Werte ermittelt.

Im unbelasteten Bereich bleibt das Niveau der härte in die Tiefe nahezu konstant. Ab einer Tiefe $t_z \approx 0{,}6$ mm pendelt sich die Härte unterhalb der Lauffläche in der gleichen Größenordnung wie im unbelasteten Bereich ein.

Im inneren Übergangsbereich zwischen Berührfläche und unbelastetem Bereich wurde ein Härtemapping der Größe 10x10 mm durchgeführt (vgl. **Abb. 4.18**). Das lokale Koordinatensystem ist so gewählt, dass der Ursprung der y-Achse auf der Grenze der Berührfläche liegt.

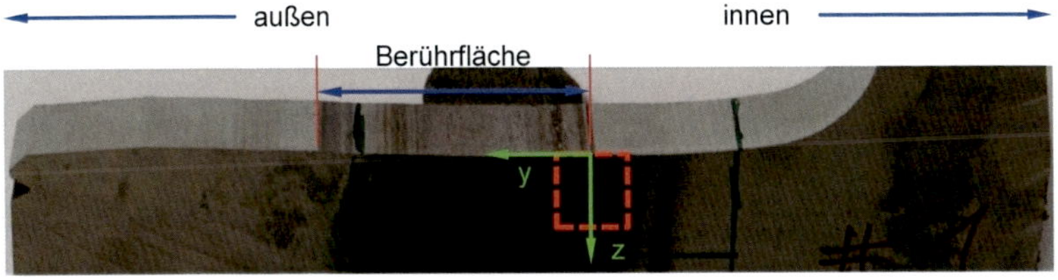

Abb. 4.18: Lage und Koordinatensystem des Härtemappings

Die Ergebnisse dieser Messung (siehe **Abb. 4.19**) wurden mit einem gleitenden Mittelwert über 20 Werte sowohl in y-, als auch z-Richtung gefiltert.

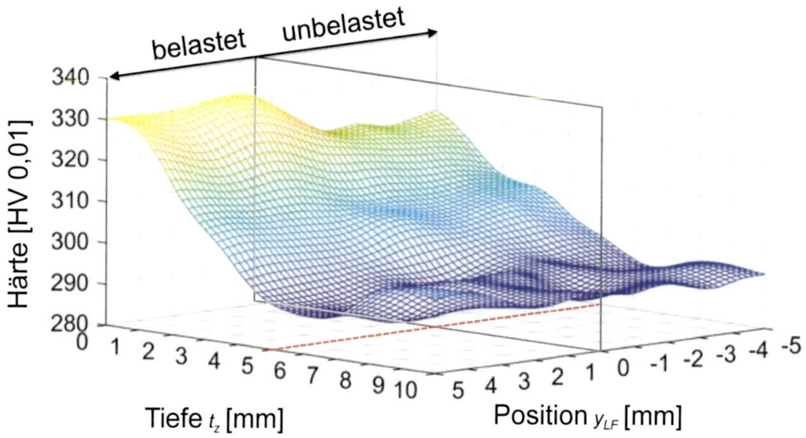

Abb. 4.19: Gefilterte Darstellung des Härtemappings des gewalzten Rades

Aus der Darstellung wird deutlich, dass die Härte im unbelasteten Bereich geringer ist als auf der Berührfläche. Im Gegensatz zu den in Abb. 4.17 dargestellten Ergebnissen ist der Einfluss der Härtesteigerung bis in eine Tiefe $t_z \approx 5$ mm erkennbar (siehe Abb. 4.19, rote Linie).

Die Eigenspannungen (**Abb. 4.20**) in einer Tiefe $t_z \approx 4{,}7$ µm unterhalb der Oberfläche wurden an allen vier Messstellen (Positionen siehe Abb. 4.16) zu Druckspannungen messtechnisch ermittelt. Hierbei stellen σ_1 und σ_2 die Hauptspannungen dar.

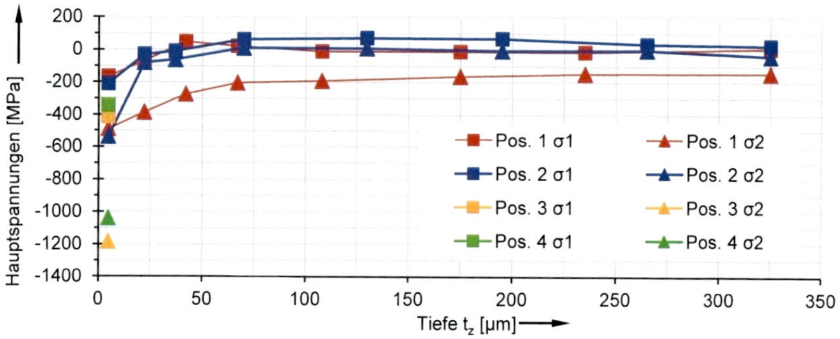

Abb. 4.20: Eigenspannungen an den Stellen 1 bis 4 [Köl20]

An den Stellen 1 und 2 wurden die Eigenspannungen bis in eine Tiefe $t_z \approx 325$ µm ermittelt. Der Einfluss des Wälzens ist bis in eine Tiefe $t_z \approx 50$ µm erkennbar. An der Messstelle 1 wirkt sich die Belastung der ERP-Versuche in Form einer Vergrößerung der Druckeigenspannung σ_2 (quer zur Laufrichtung) bis in eine Tiefe $t_z \approx 100$ µm aus. Ein Zusammenhang zwischen Eigenspannungen und Härte ist nicht zu erkennen.

4.2.3.8 Entwicklung der Oberflächenrauheit des gewalzten Rades

Wie aus Kapitel 2.1.2 ersichtlich wird, ist die Bestimmung der Oberflächenrauheit bzw. -beschaffenheit während der Versuche nach derzeitigem Stand der Technik ausschließlich optisch möglich. Um eine Aussage über die Oberflächenbeschaffenheit treffen zu können wurde bei jedem Einzelversuch der A_q-Wert kontinuierlich mit dem Streulichtsensor OS500 erfasst (vgl. Abb. 4.7, links). Die $A_{q,0}$-Werte, die sich zum Zeitpunkt des Bremsbeginns bei jedem Einzelversuch eingestellt haben, sind in **Abb. 4.21** dargestellt. Ab dem Einzelversuch 448 ist ein deutlicher Sprung in den $A_{q,0}$-Werten zu erkennen.

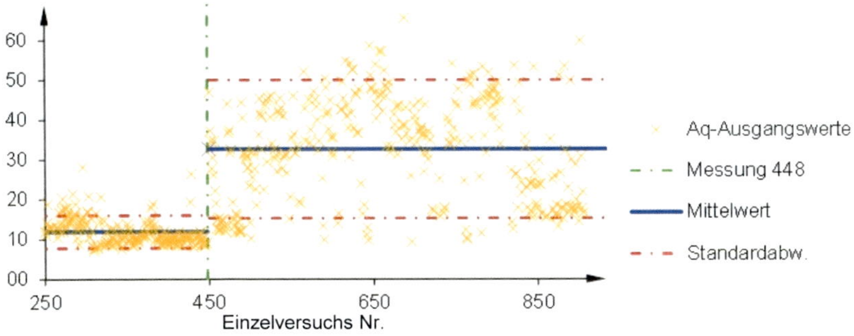

Abb. 4.21: A_q-Werte jedes Einzelversuchs zum Zeitpunkt des Bremsbeginns

Die Aufrauhung der Oberfläche ist hier durch den Einsatz der Streumittel zu erklären, da der Einzelversuch 448 die erste Messung mit dem Einsatz von Streumitteln ist. Der Mittelwert liegt vor dem Einzelversuch 448 bei $A_q \approx 11$ und nach dem Einzelversuch 448 bei $A_q \approx 33$. Weiterhin ist deutlich zu erkennen, dass die Streunung der A_q-Ausgangswerte deutlich größer ist. Die **Abb. 4.22** zeigt exemplarisch die Ergebnisse des Einzelversuchs 304 über der Zeit. Bei diesem Einzelversuch der Prüf-ID 7 wurde im Geschwindigkeitsbereich $55 \leq v \leq 20$ km/h (Abb. 4.10) Seifenlauge in den Kontakt eingebracht.

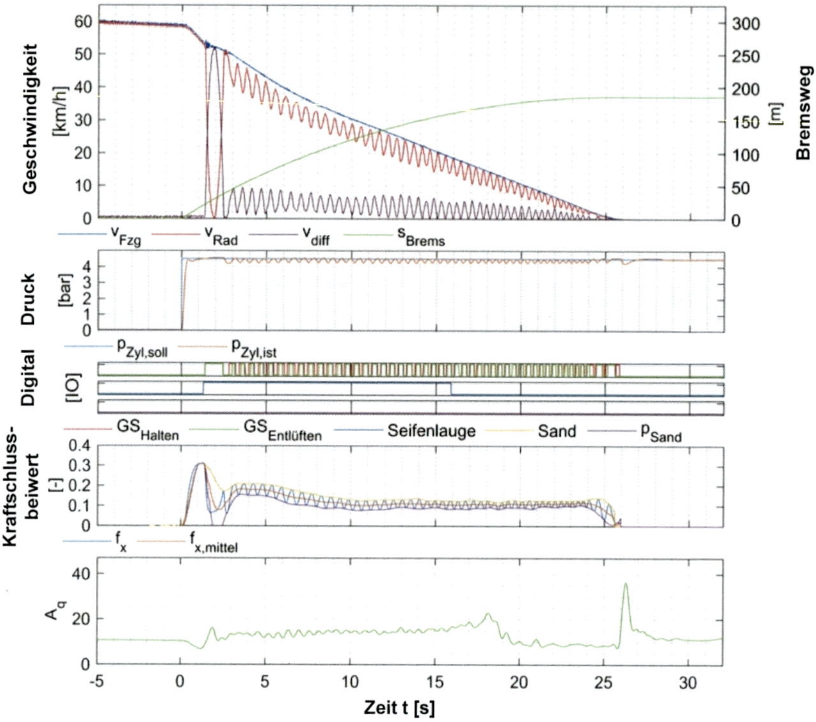

Abb. 4.22: Ergebnisse des Einzelversuchs 304, Prüf-ID 7

Zu Beginn der Bremsung ($t = 0$ s) ist ein $A_q = 10$ zu verzeichnen und bleibt bis zum Ende der Bremsung nahezu konstant. Um den Einfluss der Seifenlaugenschicht auf die Messung ausschließen zu können, wurde der Reinigungsvorgang nach dem Einzelversuch ebenfalls dokumentiert (siehe **Abb. 4.23**). Hierbei wurde der Prüfstand mit geringer, konstanter Geschwindigkeit gefahren und sowohl das Fahrzeugrad als auch das Schienenrad manuell gereinigt, bis keine Flüssigkeit mehr auf den Oberflächen erkennbar war. Aus dem Messschrieb wird ersichtlich, dass sich der A_q-Wert nur gering ändert und nahezu konstant bleibt. Somit wird eine Verfälschung der Messergebnisse aufgrund des Flüssigkeitsfilms auf den Laufoberflächen ausgeschlossen.

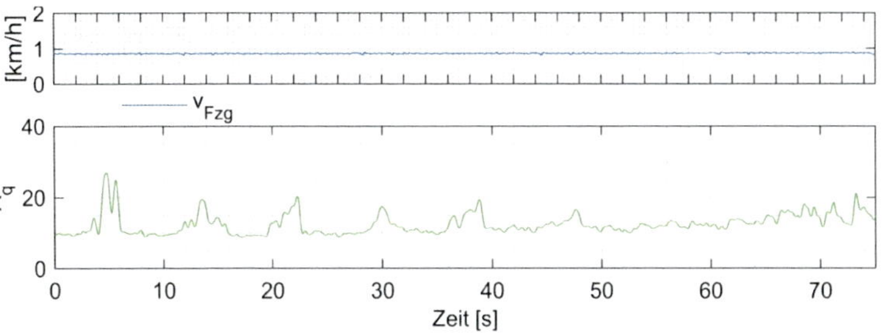

Abb. 4.23: Ergebnisse während der Reinigung mit konstanter nach Messung 304, Prüf-ID 7

Diese Kontrolle wurde nach jedem Versuch mit kraftschlussbeinflussenden Zwischenmedien durchgeführt.

Über die Gesamtheit der Einzelversuche ohne Streumittel ist eine tendenzielle Abnahme des A_q-Wertes unabhängig vom $A_{q,0}$-Ausgangswert während des Einzelversuches festzustellen. Dieser Zusammenhang ist in **Abb. 4.24** dargestellt.

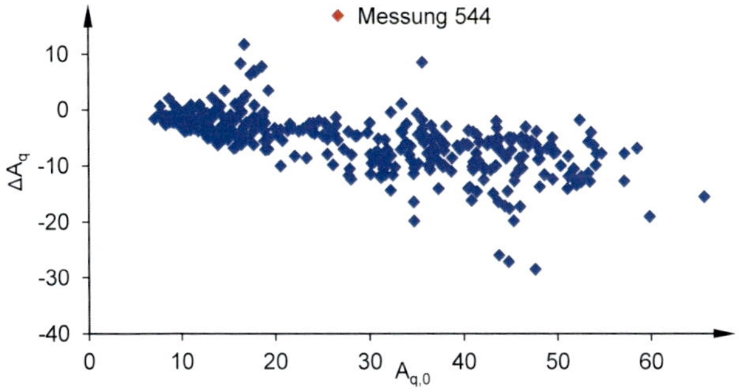

Abb. 4.24: Änderung des A_q-Wertes während des Einzelversuchs ohne Zwischenmedium in Abhängigkeit des $A_{q,0}$

Der ΔA_q-Wert berechnet sich gemäß Gl. (4.9).

$$\Delta A_q = A_q(t_{Bremsende}) - A_{q,0}(t_{Bremsbeginn}) \tag{4.9}$$

Exemplarisch ist der Einzelversuch 544 (Prüf-ID 7, Austragsrate: 1,5 g/m, Quarzsand) in Abb. 4.24 rot markiert und im Anhang, **Abb. A.17** dargestellt. Bei diesem Einzelversuch ist der hohe mittlere Schlupf und folglich die hohe Differenzgeschwindigkeit auffällig. Hieraus ergibt sich für diese Messreihe der größte korrigierte Anhalteweg $s_{Brems,korr} = 360$ m.

Analog zu den oben dargestellten Abb. 4.24 zeigt nachfolgende **Abb. 4.25** die Änderung des A_q-Wertes der Einzelversuche mit Zwischenmedien im Kontakt.

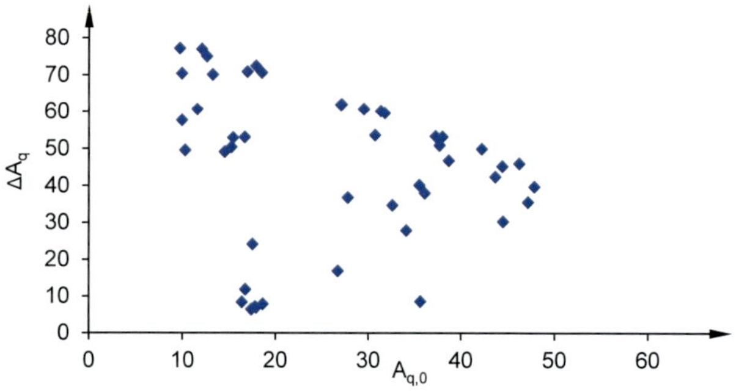

Abb. 4.25: Änderung des A_q-Wertes während des Einzelversuchs mit Zwischenmedien in Abhängigkeit des $A_{q,0}$

Hier ist bei jedem Einzelversuch eine Steigerung des Gradienten des Oberflächenprofils zu erkennen.

4.2.3.9 Ermittlung der Oberflächenhärte des gewalzten Rades

Die Oberflächenhärte wurde nach jedem Einzelversuch mit dem Rückprallhärtemessgerät (vgl. Kap 2.1.4) erfasst. Die Messung erfolgte an den vier in **Abb. 4.27** gezeigten über den Radumfang verteilten Messpositionen. An jeder Messposition wurden sowohl vier Härtemessungen im unbelasteten Bereich (Abb. 4.27, blauer Pfeil), als auch vier Härtemessungen im belasteten Bereich des Kontaktes (Abb. 4.27, roter Pfeil) durchgeführt.

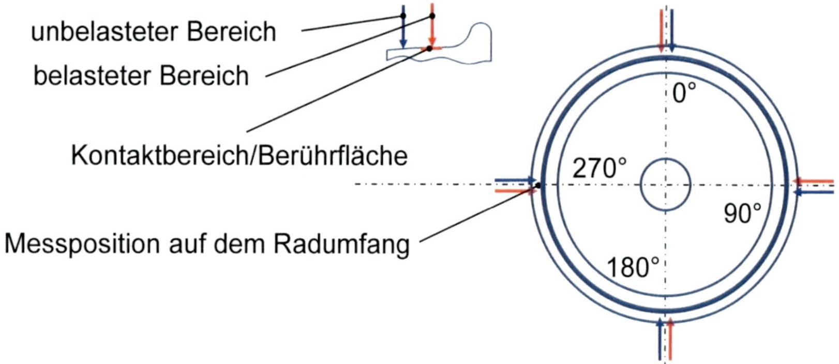

Abb. 4.26: Positionen der Härtemessung auf der Radlauffläche

Aus den je 16 Härtemessungen (belastet/ unbelastet) wurde der Mittelwert gebildet.

Die Ergebnisse der Härteentwicklung in Abhängigkeit der Radumdrehungen sind in **Abb. 4.27** dargestellt. Zu Beginn aller Versuche mit dem gewalzten Rad wies dieses eine Oberflächenhärte von etwa 310 HV auf. Zum Abschluss aller Versuche war eine Steigerung im Bereich des Kontaktes auf bis zu 370 HV zu erkennen. Im Bereich neben der Fahrfläche, dem Profil, wo keine Berührung stattgefunden hat, blieb die Härte nahezu konstant.

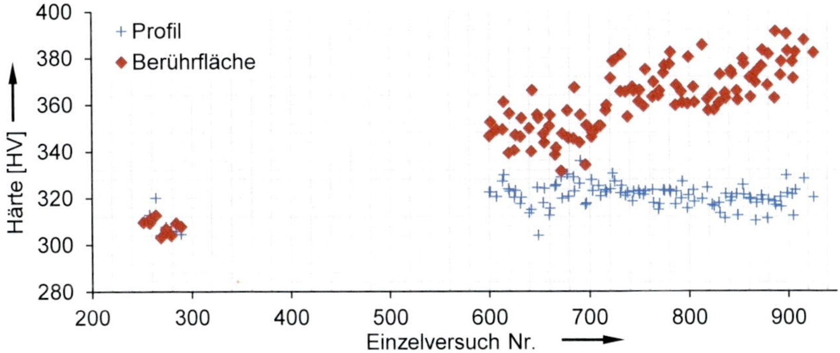

Abb. 4.27: Oberflächenhärte des gewalzten Rades in Abhängigkeit der Einzelversuchs Nr.[1]

Im Bereich zwischen 290 ≤ *Einzelversuchs Nr* ≤ 599 konnten aufgrund eines technischen Defekts am Rückprallhärtemessgerät keine Messungen durchgeführt werden. Insgesamt ist eine Steigerung der Radoberflächenhärte, um etwa 60 HV innerhalb aller Versuche mit dem gewalzten Rad zu erkennen.

4.2.3.10 Ermittlung des Verschleißvolumens des gewalzten Rades

Zur Ermittlung des Verschleißes ist das Radprofil mit dem in Abb. 4.7, rechts dargestellten Radprofilmessgerät ermittelt worden. Der Vergleich zwischen Nennprofil und dem verschlissenen Profil nach Beendigung aller Versuche mit dem gewalzten Rad ist in **Abb. 4.28** dargestellt. Die x-Achse und die linke y-Achse haben den Schnittpunkt der Messkreisebene mit dem Nennprofil als Koordinatenursprung.

[1] Im Bereich zwischen Einzelversuch Nr. 300 und Einzelversuch Nr. 600 Stand das Messgerät zur Erfassung der Oberflächenhärte nicht zur Verfügung. Auf Grund des engen Zeitplans wurde beschlossen auf die Härtemessung zu Gunsten von Vermeidung von Verzögerungen in diesem Bereich zu verzichten.

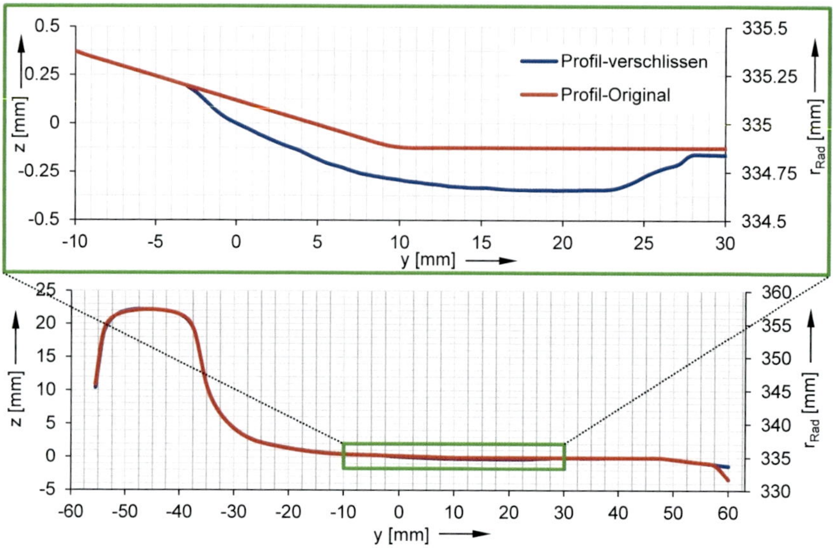

Abb. 4.28: Vergleich des neuen und verschlissenen Profils nach Beendigung der Versuche mit gewalztem Rad

Die rechte y-Achse hat die Radachse zum Bezug, die rechte Achse den Messkreisfußpunkt. Der obere Teil der Abbildung zeigt vergrößert den Kontaktbereich. Hier ist in einem Bereich von etwa 40 mm Breite Verschleiß bis zu einer Tiefe $t_z \approx 22$ mm zu erkennen. Die Verschleißmasse W_m kann mit Hilfe von Gl. (4.10) bestimmt werden.

$$W_m = \rho_{Stahl} \cdot W_V = \rho_{Stahl} \cdot \pi \cdot \int_{y=-10}^{y=30} \left(r_{original}^2 - r_{verschlissen}^2\right) dy \qquad (4.10)$$

$W_m = Verschleißmasse$
$W_V = Verschleißvolumen$
$\rho_{Stahl} = Dichte(Stahl)$
$\quad innerhalb\ einer\ Versuchsreihe$
$r = Raddurchmesser$
$y = Position\ in\ Querrichtung\ auf\ der\ Lauffläche$

Die Verschleißmasse betrug nach Beendigung der Versuche $W_m \approx 92$ g. Unter der Annahme einer Dichte von Stahl $\rho_{Stahl} = 7850$ kg/m³ folgt das Verschleißvolumen $W_v \approx 11780$ mm³.

4.2.4 Ergebnisse der Versuche mit ungewalzten Rad

Ziele der Versuche mit dem ungewalzten Rad (Werkstoff ER 7, vgl. Tab. 2.1) waren einerseits die Ermittlung der Härte an der Radoberfläche in Abhängigkeit der eingebrachten Energie bzw. Überrollungen und andererseits die Ermittlung des Verschleißes. Hierfür wurden etwa neunhundert Versuche der Prüf-ID 1 bis Prüf-ID 7 durchgeführt. Des Weiteren wurde das Rad nach Beendigung der Versuche metallographisch untersucht. Die Ergebnisse werden in folgendem Kapitel vorgestellt. Die Messungen wurden analog zu denen in Kapitel 4.2.3 beschriebenen durchgeführt. Der Vergleich der Ergebnisse mit dem gewalzten und ungewalzten Rad, sowie die Diskussion der Ergebnisse ist in Kapitel 4.2.5 dargestellt.

4.2.4.1 Metallographische Untersuchung des ungewalzten Rades

Nachfolgende **Abb. 4.29** zeigt die Positionen der Schliffbilder und Messungen. Das rechte Schliffbild (siehe auch **Abb. A.18**) entstammt dem unbelasteten Bereich. Das mittlere und rechte Schliffbild zeigt den belasteten Bereich der Berührfläche (siehe **Abb. A.19** und **Abb. A.20**).

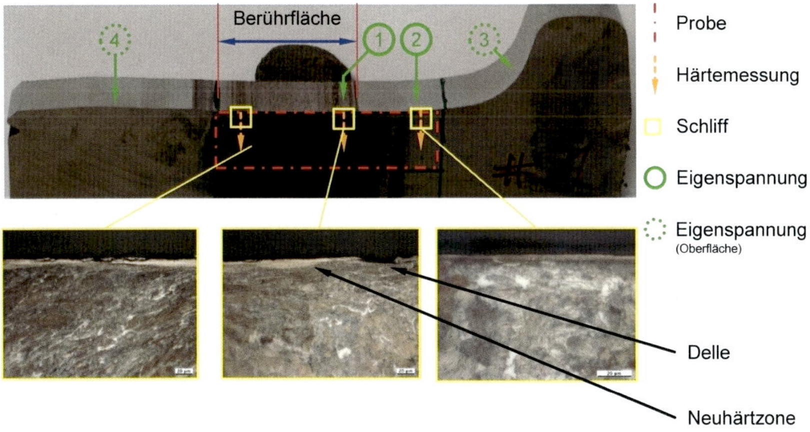

Abb. 4.29: Messpositionen und Schliffbilder des ungewalzten Rades

Auf der Berührfläche sind kleine Dellen zu erkennen. Darüber hinaus hat sich auf der Lauffläche durch den Energieeintrag eine dünne Neuhärtzone (weiße Schicht) gebildet. Die oberflächliche Verformung nimmt zum Rand bis zu einer Tiefe $t_z \approx 0{,}3$ mm zu. Das Ergebnis der drei Härtemessungen in die Tiefe des Materials ist in **Abb. 4.30** dargestellt. Im unbelasteten Bereich weist das Rad eine nahezu konstante Härte von 250 HV in die Tiefe auf. Im Bereich der Berührfläche nimmt die Härte zur Oberfläche hin zu. Der deutlichste Härtezuwachs ist am Rand zu verzeichnen (330 HV). Ein ähnlicher Trend ist auf der Innenseite der Lauffläche zu verzeichnen, allerdings bis zu einer etwas niedrigeren Härte von etwa 320 HV.

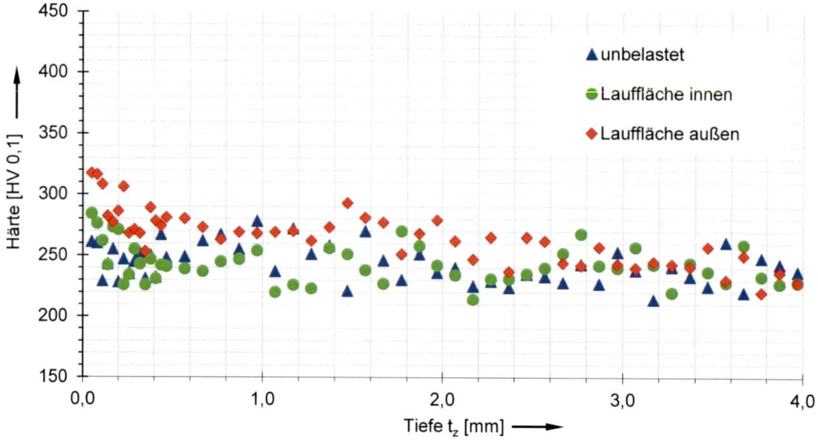

Abb. 4.30: Härteverläufe in die Tiefe

Das Härtemapping wurde ebenfalls an der gleichen Stelle wie beim gewalzten Rad durchgeführt (siehe Abb. 4.18), so dass der Koordinatenursprung auf dem Übergang von Berührfläche zu unbelastetem Bereich liegt. Die Ergebnisse (**Abb. 4.31**) zeigen deutlich den Übergang vom belasteten zum unbelasteten Bereich.

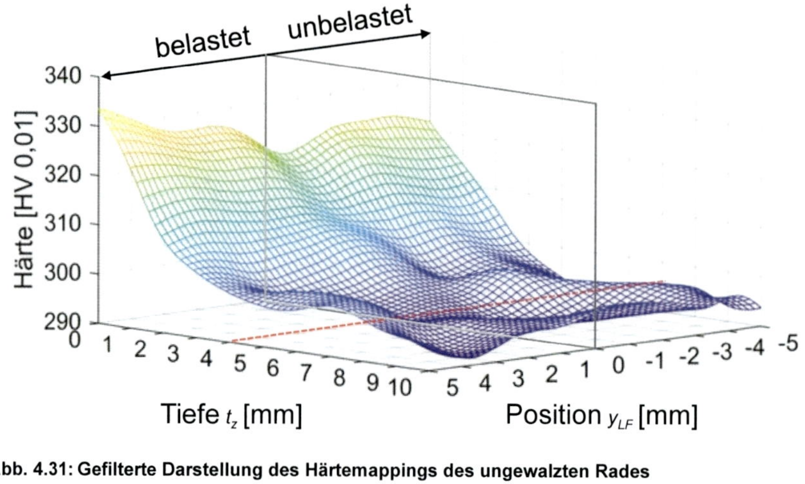

Abb. 4.31: Gefilterte Darstellung des Härtemappings des ungewalzten Rades

Weiterhin ist eine Abnahme der Härte in die Tiefe erkennbar, wobei die Härte ab einer Tiefe $t_z \approx 4$ mm (siehe Abb. 4.27, rote Linie) nahezu konstant bleibt.

Aus den Ergebnissen der Eigenspannungsbestimmung wird der Einfluss des Abdrehens des Rades deutlich sichtbar. Nachfolgende **Abb. 4.32** zeigt Zugspannungen an den Stellen 2, 3 und 4. Im Bereich der Lauffläche (Stelle 1) hingegen, in der die Belastung stattgefunden hat, weist das Rad Druckeigenspannungen auf.

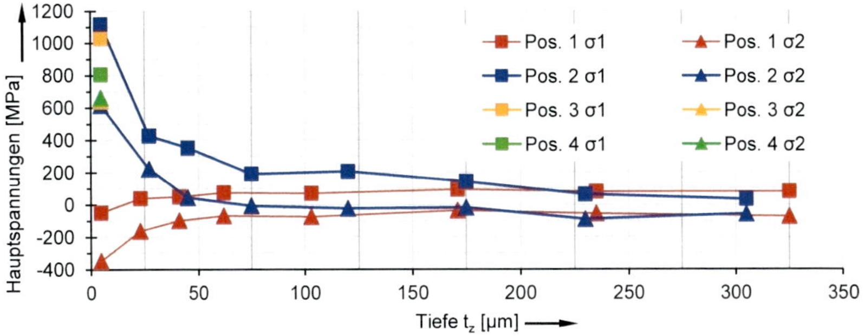

Abb. 4.32: Eigenspannungen an den Stellen 1 bis 4 [Köl20]

Ab einer Tiefe $t \approx 100$ µm bleiben die Eigenspannungen nahezu konstant. Im Bereich Lauffläche (Stelle 1) ist die Druckeigenspannung in Querrichtung zur Lauffläche größer als in Laufrichtung.

4.2.4.2 Ermittlung der Oberflächenhärte des ungewalzten Rades

Die Ermittlung der Oberflächenhärte erfolgte analog zu dem in Kapitel 4.2.3.9 beschriebenen Verfahren. Die Ergebnisse sind in folgender **Abb. 4.33** dargestellt. Zu Beginn der Versuche wies das Rad eine Oberflächenhärte von etwa 270 HV auf.

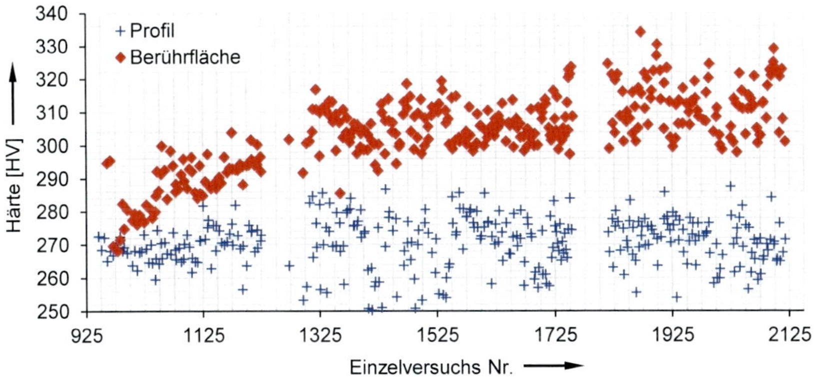

Abb. 4.33: Oberflächenhärte des ungewalzten Rades in Abhängigkeit der Einzelversuchs Nr.

Die Messwerte im unbelasteten Bereich des Profils streuen um diesen Wert, bleiben aber auf einem konstanten Niveau. Die Härte im Bereich der belasteten Berührfläche steigt zu Beginn während der ersten 300 Einzelversuche stark an. Mit zunehmenden Umdrehungen sinkt der Gradient und die Härte pendelt sich bei einem Wert von etwa 310 HV ein. Somit ist eine Steigerung der Härte von etwa 40 HV nach 200 Einzelversuchen zu verzeichnen.

4.2.4.3 Ermittlung des Verschleißvolumens des ungewalzten Rades

Der Verschleiß, welcher sich nach Beendigung der Versuch mit dem ungewalzten Rad eingestellt hat, ist in **Abb. 4.34** dargestellt. Die maximale Verschleißtiefe beträgt $t \approx 0{,}35$ mm.

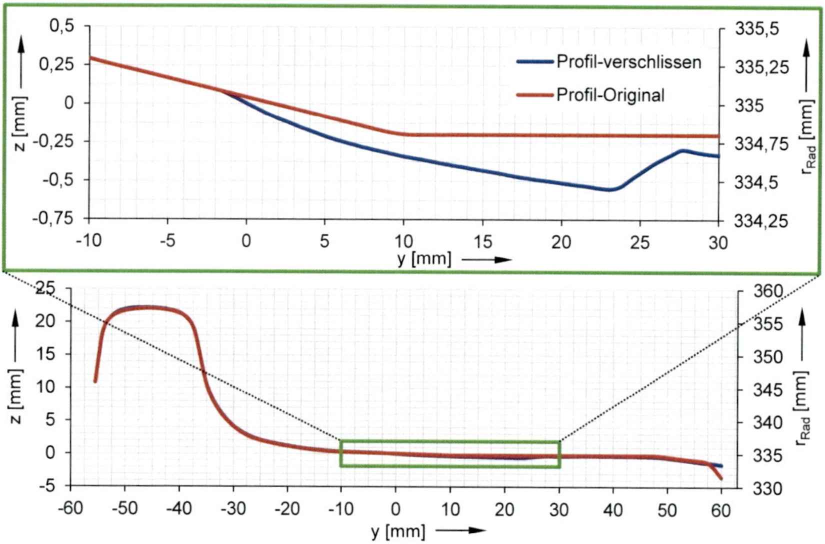

Abb. 4.34: Vergleich des neuen und verschlissenen Profils nach Beendigung der Versuche mit ungewalztem Rad

Die Verschleißmasse wurde gemäß (4.10 zu $W_m \approx 105$ g ermittelt. Folglich liegt dieser ein Verschleißvolumen $W_V \approx 13.430$ mm³ zugrunde.

4.2.5 Diskussion der Prüfstandergebnisse

Nachfolgend werden die Ziele der Versuche und deren Ergebnisse in tabellarischer Form (**Tab. 4.10**) zusammengefasst.

Tab. 4.10: Zusammenfassung der Versuchsergebnisse beider Messreihen

gewalzt	**ungewalzt**
Ziel der Versuche	
• **Prüfung, ob am Rad Schäden bei großer Belastung in Folge des Walzens auftreten (Betriebssicherheit)** • **Ermittlung der Auswirkung unterschiedlicher Sandaustragsraten (Betriebssicherheit)** • Bestimmung der Entwicklung der Oberflächenhärte • Ermittlung des Verschleißes • Bestimmung der Entwicklung der Oberflächenbeschaffenheit	• Bestimmung der Entwicklung der Oberflächenhärte • Ermittlung des Verschleißes
Ausgangssituation	
• Radwerkstoff: ER7 • Profil: Nennprofil • Nachbearbeitung: gewalzt • Ausgangshärte: 310 HV	• Radwerkstoff: ER7 • Profil: Nennprofil • Nachbearbeitung: keine • Ausgangshärte: 270 HV
Durchgeführte Versuche	
• Anzahl: 493 • Überrollungen: ~200.000 • Beschleunigungs-Bremsversuche • $v_0 = 60$ km/h • Kontaktbedingungen: ○ Trocken ○ UIC-Seifenlauge ○ Streumittel und UIC-Seifenlauge ○ Streumittel • Streumittel: Quarzsand - Aluminiumoxid • Sonstige Versuchsparameter: konstant über der Versuchsreihe	• Anzahl: 872 • Überrollungen: ~350.000 • Beschleunigungs-Bremsversuche • $v_0 = 60$ km/h • Kontaktbedingungen: ○ Trocken ○ UIC-Seifenlauge • Sonstige Versuchsparameter: z.T. Änderung der Gleitschutzparameter

Noch Tab. 3.10

gewalzt	ungewalzt
Ergebnisse: Metallographie – Härte	
• Grundgefüge: Perlit mit geringem Anteil Korngrenzenferrit • Geringer Ferritgehalt aufgrund schneller Luftabkühlung • Bildung weißer Schicht durch hohe Temperaturen während des Bremsvorgangs • Starke Zunahme der Verformung Richtung Laufflächenrand	
• Steigerung der Oberflächenhärte: ~60HV • Einfluss des Walzens bis in eine Tiefe $t_z \approx 20$ µm • Einfluss durch die Belastung der ERP-Versuche bis in eine Tiefe $t_z \approx 0{,}6$ mm • Aufgrund des Walzens liegen alle Eigenspannungen als Druckspannungen vor • Insgesamt in den Kontakt eingebrachte Reibenergie: 7.523 kJ • Verschleißmasse: 92 g	• Steigerung der Oberflächenhärte: ~40HV • Einfluss durch die Belastung der ERP-Versuche bis in eine Tiefe $t_z \approx 0{,}3$ mm • Im Bereich der Lauffläche liegen die Eigenspannungen als Druckspannungen vor • Im unbelasteten Bereich liegen die Eigenspannungen aufgrund des Drehens als Zugspannungen vor • Insgesamt in den Kontakt eingebrachte Reibenergie: 11.403 kJ • Verschleißmasse: 105 g

Diskussion der Ergebnisse

Ein wichtiges Merkmal zur Beurteilung des Kontaktes zwischen Rad und Schiene ist die Leistungsfähigkeit im Sinne der Kraftübertragung in Längsrichtung. Der Kraftschlussbeiwert (als Koeffizient aus Längs- und Aufstandskraft) bietet somit eine gute Möglichkeit zur Beurteilung der Leistungsfähigkeit und eine Möglichkeit zur Vergleichbarkeit. Nachfolgend wird in **Tab. 4.11** der mittlere Kraftschlussbeiwert in Längsrichtung f_x für die Versuche mit der Prüf-ID = 6 und Prüf-ID = 7 für das gewalzte und ungewalzte Rad gegenübergestellt. Es werden diese beiden Prüf-ID zum Vergleich herangezogen, da hier sowohl das gewalzte Rad als auch das ungewalzte Rad das gleiche Prüfprogramm durchlaufen haben. Die Ermittlung erfolgt gemäß Gl. (4.11) aus dem ermittelten mittleren, korrigierten Anhalteweg der jeweiligen Prüf-ID.

$$f_x = \frac{v_0^2}{2 \cdot \left(\overline{s}_{korr} - {t_{füll}}/{2} \cdot v_0\right) \cdot g} \tag{4.11}$$

$v_0 = Bremsausgangsgeschwindigkeit$
$\overline{s}_{korr} = Mittlerer\ korrigierter\ Anhalteweg$
$t_{füll} = Bremszylinderfüllzeit$
$g = Erdbeschleunigung$

Wie aus Tab. 4.11 ersichtlich wird, unterscheiden sich die Kraftschlussbeiwerte und Rauheiten der jeweiligen Prüf-ID 6 und Prüf-ID 7 lediglich in der dritten Nachkommastelle. Die

Leistungsfähigkeit des gewalzten Rades hinsichtlich der in Längsrichtung übertragbaren Kräfte unterscheidet sich nicht von der des ungewalzten Rades.

Das Verhalten der Rauheit beider Räder ist ähnlich zu beurteilen. Hier bewegen sich die Werte (siehe Tab. 4.11) der beiden Prüfregime (Prüf-ID 6 und Prüf-ID 7) ebenfalls in der gleichen Größenordnung. Große Änderungen der Rauheit bzw. eine signifikante Aufrauhung des gewalzten Rades ist erst mit dem massiven Einsatz von Streumitteln zu verzeichnen.

Tab. 4.11: Vergleich der Kraftschlussbeiwerte der Versuche mit gewalztem- und ungewalzten Rad

	Prüf-ID	Anhalteweg	Kraftschlussbeiwert f_x	Rauheit
gewalzt	6	95 m	0,152	$0{,}64 \leq R_a \leq 2{,}64$ µm
	7	177 m	0,081	$0{,}82 \leq R_a \leq 1{,}81$ µm
ungewalzt	6	92 m	0,157	$0{,}40 \leq R_a \leq 2{,}76$ µm
	7	172 m	0,083	$0{,}92 \leq R_a \leq 1{,}50$ µm

Die Ergebnisse der metallographischen Untersuchung beider Räder ist differenzierter zu betrachten. Beide Räder weisen den gleichen Werkstoff (ER7) auf. Hieraus lässt sich die Ähnlichkeit der Schliffbilder und der Oberflächenauffälligkeiten, wie Dellen und weiße Schichten (siehe Abb. 4.16 und Abb. 4.29) ableiten. Der Bereich der Gefügeänderung ist beim gewalzten Rad in einer größeren Tiefe als beim ungewalzten Rad zu erkennen. Hieraus lässt sich eine größere Belastung des Rades ableiten. Dies spiegelt somit das Ziel der Versuche mit dem gewalzten Rad die Betriebssicherheit bei großer Belastung zu gewährleisten wider. Bei beiden Rädern ist der Übergang zwischen dem belasteten und unbelasteten Bereich deutlich zu erkennen (vgl. Härtemapping, Abb. 4.19und Abb. 4.31).

Beim Vergleich der Eigenspannungen und Härten ist der Einfluss des Walzens deutlich zu erkennen (vgl. Abb. 4.20 und Abb. 4.32). Das gewalzte Rad weist im unbelasteten Bereich auf Grund der (Walz-) Bearbeitung. ausschließlich Druckeigenspannungen auf. Beim ungewalzten Rad zeigen sich hingegen im unbelasteten Bereich Zugeigenspannungen in Folge der Drehbearbeitung und Druckeigenspannungen resultierend aus den Überrollungen im belasteten Bereich. Das Niveau der Druckspannungen ist beim gewalzten Rad deutlich größer. Die Ausgangshärten beider Räder unterscheiden sich deutlich. Bei beiden Prüflingen ist eine Steigerung der Oberflächenhärte in Folge des Betriebs zu verzeichnen, wobei die Steigerung beim gewalzten Rad deutlich höher ausfällt. Bezieht man die Steigerung der Oberflächenhärte auf die Anzahl der Überrollungen, so ergibt sich für das ungewalzte Rad ein Wert von $1{,}14 \cdot 10^{-4} \left[\frac{HV}{U}\right]$ und für das gewalzte Rad ein Wert von $3 \cdot 10^{-4} \left[\frac{HV}{U}\right]$. Aus den durchgeführten Versuchen lässt sich nicht klären, ob diese signifikant höhere Härtesteigerungsrate auf den Einsatz von Streumitteln oder aber den Walzprozess zurückzuführen ist. Im Kontext der Gleitweghypothese (Kap. 2.6.2.1) ist aber selbst bei gleicher Härtesteigerungsrate mit einer geringeren Verschleißentwicklung zu rechnen.

Die ermittelte Verschleißmasse bewegt sich bei beiden Rädern in einer ähnlichen Größenordnung. Da die Räder, auf Grund der unterschiedlichen Zielsetzungen der Versuche, nicht in gleicher Art und Weise belastet worden sind, kann aus dem ermittelten Verschleiß nicht auf die Standfestigkeit des Rades schließen. Eine erste Indikation bietet die auf die eingetragene Reibenergie bezogene Verschleißmasse. Für das ungewalzte Rad ergibt sich $W_{m,sp} = 0{,}009\ \frac{g}{kJ}$. Für das gewalzte Rad kann die spezifische Verschleißmasse zu $W_{m,sp} = 0{,}012\ \frac{g}{kJ}$ ermittelt werden.

Hypothese:

Vor dem Hintergrund der massiven Belastung durch die Zwischenmedien kann hier bei ähnlichen spezifischen Verschleißen von einer guten, oder gar besseren Verschleißfestigkeit des gewalzten Rades gegenüber dem ungewalzten während der Prüfstandversuche ausgegangen werden.

Diese Hypothese lässt sich aber erst mit der Ermittlung der Verschleißkoeffizienten k_v (vgl. (2.46 bzw. Abb. 2.29) der Gleitweghypothese widerlegen oder bestätigen.

4.2.6 Modellentwicklung und -parametrierung

Wie aus Abb. 3.1 ersichtlich, bilden die Beschreibungen für die Härteentwicklung des Rades und den Materialabtrag den Kern des Härte-Verschleißmodells (HVM). Im ersten Schritt wird eine Gesetzmäßigkeit für die Steigerung der Härte gesucht. Wie aus Abb. 4.35 deutlich wird, lässt sich ein exponentieller Zusammenhang mit den Umdrehungen des Rades herstellen.

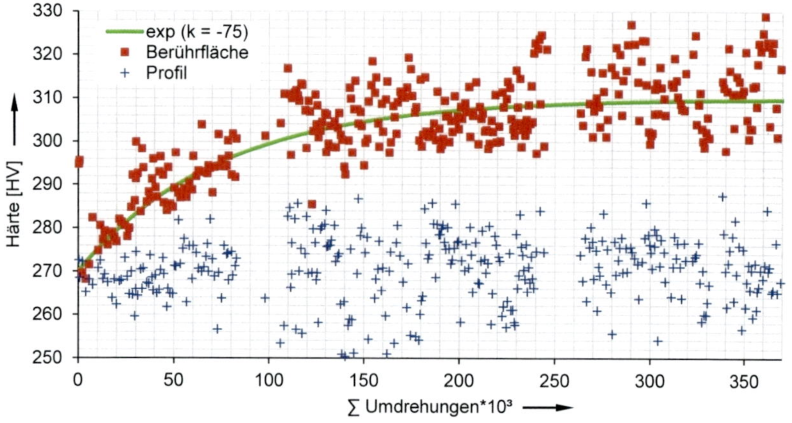

Abb. 4.35: Entwicklung der Oberflächenhärte des ungewalzten Rades in exponentieller Darstellung [Köl18]

Dieser Zusammenhang lässt sich gemäß Gl. (4.12) formulieren. Hierin ist H_0 die Ausgangshärte zu Beginn der Versuche und H_{max} die Härte im Bereich der Sättigung. Der Nenner des Exponenten k = -75 bestimmt den Gradienten der Funktion.

$$H(U) = H_0 + \left(1 - e^{\frac{U}{k}}\right) \cdot (H_{max} - H_0) \tag{4.12}$$

$H(U) = Härte\ in\ Abhängigkeit\ der\ Radumdrehungen$
$U = \ Undrehungen\ des\ Rades$
$k = Anpassungsnenner\ des\ Exponenten$
$H_0 = \ Ausgangshärte\ (zu\ Beginn\ der\ Versuche\ mit\ dem\ ungewalzten\ Rad)$
$H_{max} = maximal\ erreichbare\ Härte\ (Sättigung)$

Die Ergebnisse der Versuche mit dem gewalzten Rad zeigen, dass die Exponentialfunktion mit dem gleichen Nenner des Exponenten (k = -75) und angepassten H_0 = 310 HV und H_{max} = 400 HV Werten den Verlauf der Härteentwicklung nicht zufriedenstellend abbildet (**Abb. 4.36**, gestrichelter Graph). Aus diesem Grund wird für die Berechnung des Verschleißes beim gewalzten Rad für das Härte-Verschleißmodell der Nenner des Exponenten k = -145 zugrunde gelegt (Abb. 4.36, grüner Graph).

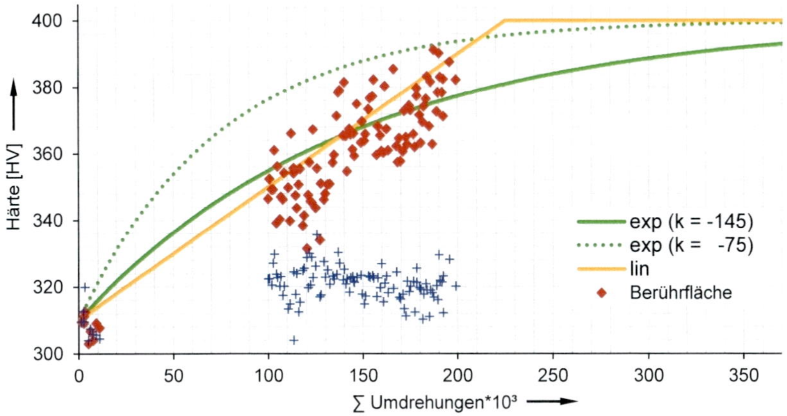

Abb. 4.36: Entwicklung der Oberflächenhärte des gewalzten Rades in exponentieller und linearer Darstellung [2] [Köl20]

Eine weitere Möglichkeit zur Beschreibung des Härteverlaufs in Abhängigkeit der Überrollungen wird durch einen linearen Ansatz mit Begrenzung auf den maximalen Härtewert H_{max} gegeben. Da mit den durchgeführten Versuchen nicht festgestellt werden kann, welcher Verlauf die Realität abbildet, wird aus Gründen der Analogie zu den Versuchen mit dem ungewalzten Rad der exponentielle Verlauf (k = -145) für das HV-Modell weiterverwendet.

[2] Im Bereich zwischen 20.000 und 100.000 Umdrehungen Stand das Messgerät zur Erfassung der Oberflächenhärte nicht zur Verfügung. Auf Grund des engen Zeitplans wurde beschlossen auf die Härtemessung zu Gunsten von Vermeidung von Verzögerungen in diesem Bereich zu verzichten.

Im zweiten Schritt erfolgt die Berechnung des Materialabtrags nach der in Kap. 4.1 ausgewählten Gleitweghypothese. Das abgetragene Materialvolumen wird gemäß Gl. (4.13) ermittelt.

$$W_v = k(v_{rel}, p) \cdot \frac{F_N \cdot s_{gleit}}{H(U)} \tag{4.13}$$

Der Verschleißkoeffizient ist abhängig von der Pressung p im Kontakt und der Relativgeschwindigkeit v_{rel} zwischen Rad und Schiene. Da die Aufzeichnung der Versuchsergebnisse mit einer endlichen Abtastrate ($f_{Abtast} = 250$ Hz) durchgeführt wird, wird das Verschleißvolumen ΔW_v für den jeweiligen Zeitschritt n berechnet. Die Radoberfläche wurde in 120 x 2104 Rechtecke mit einer Kantenlänge s = 1 mm unterteilet. Die für den jeweiligen Zeitschritt zu berücksichtigende Kontaktfläche ΔA_n ergibt sich nach Gl. (4.14), wobei $2b_{Hertz}$ die Kontaktbreite nach HERTZ bezeichnet.

$$\Delta A_n(n) = t_{Abtast} \cdot v_{rel} \cdot 2b_{Hertz} \tag{4.14}$$

$\Delta A_n(n) = \text{überstrichene Kontaktfläche während eines Zeitschrittes}$
$n = \text{Abtastschritt}$
$t_{Abtast} = \text{Dauer eines Abtastschrittes}$
$v_{rel} = \text{Relativgeschwindigkeit}$
$2b_{Hertz} = \text{Kontaktbreite nach Hertz}$

Nachfolgende **Abb. 4.37** zeigt exemplarisch die Pressungsverteilung während eines Zeitschrittes. Mit Hilfe dieser Information wird der Verschleißkoeffizient $k(v_{rel}, p(x,y))$ für die gesamte Radoberfläche bestimmt, wobei dieser an den Stellen ohne Pressung gleich null ist.

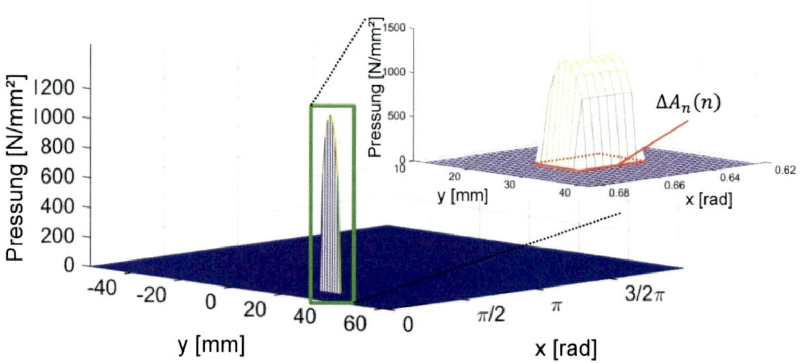

Abb. 4.37: Pressungsverteilung im Kontakt während eines Zeitschrittes

Die Relativgeschwindigkeit v_{rel} wird über die gesamte Kontaktfläche als konstant angenommen, d.h. es findet keine Unterscheidung zwischen Gleit- und Haftbereich statt.

Somit ergibt sich das Verschleißvolumen ΔW_v für jedes einzelne während des n-ten Zeitschrittes überstrichene Element zu Gl: (4.15):

$$\Delta W_{v,HVM}(x,y)_n = k\big(v_{rel}, p(x,y)\big) \cdot \frac{F_N(x,y) \cdot s}{H(U,x,y)} \tag{4.15}$$

Das Verschleißvolumen wird über die Gesamtheit der Versuche für die jeweilige Stelle aufsummiert. Die Summe aller Verschleißvolumen $\Delta W_{v,HVM}(x,y)_n$ über alle N Simulationsschritte ergibt das gesamte simulierte Verschleißvolumen $W_{v,HVM}$.

$$\sum_{n=1}^{N} W_{v,HVM}(x,y)_n = k\big(v_{rel}, p(x,y)\big) \cdot \frac{F_N(x,y) \cdot s}{H(U,x,y)} = W_{v,Iter} \tag{4.16}$$

Somit kann das simulierte Verschleißbild des Rades mit dem real auftretenden Verschleiß nach den Versuchsreihen verglichen werden und der Verschleißkoeffizient angepasst werden. Als Ausgangspunkt dienen die in Abb. 4.1 dargestellten Werte nach ENBLOM [Enb06]. Es ergibt sich ein Verschleißvolumen $W_{v,Iter} = 4.130$ mm³. Das im ersten Iterationsschritt berechnete Verschleißvolumen ist um den Faktor $k_{Iter,1} = 2{,}85$ kleiner als das nach Beendigung aller Versuche mit dem gewalzten Rad gemessene Verschleißvolumen $W_{V,ERP} = 11.780$ mm³. Gemäß der in Kap. 4.1 gestellten Forderung, dass das Verhältnis der Verschleißkoeffizienten $k_{v,2}$, $k_{v,3}$ und $k_{v,4}$ zueinander konstant bleiben soll ergibt sich Gl. (4.17):

$$k_{v,2} = \frac{1}{7} \cdot k_{v,3} = k_{v4} \tag{4.17}$$

Mit dem ersten Iterationsfaktor $k_{Iter,1}$ folgt Gl. (4.18):

$$k_{Iter,1} \cdot k_{v,2} = k_{Iter,1} \cdot \frac{1}{7} \cdot k_{v,3} = k_{Iter,1} \cdot k_{v4} \tag{4.18}$$

Anschließend wird k_{Iter} bis zum Erreichen der in **Abb. 4.38** dargestellten Iterationsgrenze um den Wert 0,05 inkrementiert. Die Iterationsgrenze wird in Anlehnung an die in [EBA04] geforderte Messunsicherheit auf 1 % festgelegt. Dieser Wert stellt einen akzeptablen Kompromiss aus Genauigkeit und Zeitaufwand dar.

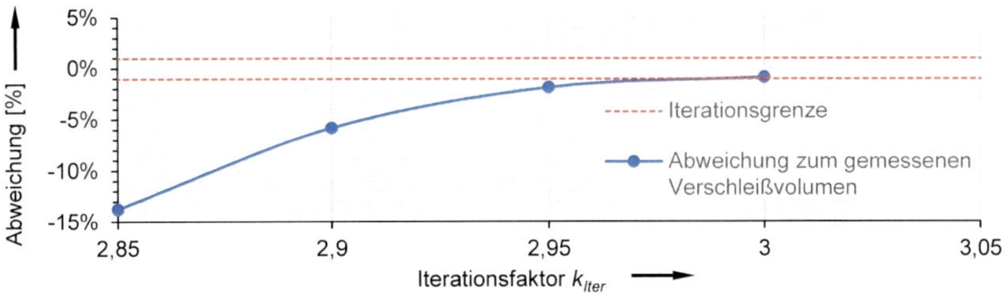

Abb. 4.38: Prozentuale Abweichung des berechneten Verschleißvolumens im Verhältnis des gemessenen Verschleißvolumens in Abhängigkeit des Iterationsfaktors

Hieraus ergibt sich der in **Abb. 4.39** dargestellten Verschleißkoeffizient für das gewalzte Rad. Das mit dem Härte-Verschleißmodell berechnete Verschleißvolumen aller Einzelversuche mit dem gewalzten Rad beläuft sich auf $W_{v,HVM} = 11.660$ mm³.

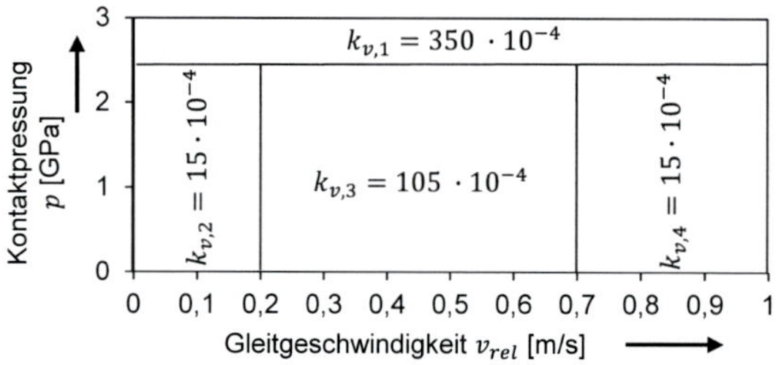

Abb. 4.39: Verschleißkoeffizienten in Anlehnung [Enb06] für das gewalzte Rad

Die nachfolgende **Abb. 4.40** entspricht Abb. 4.28 mit der Erweiterung der Darstellung um das Ergebnis der Modellrechnung mit angepassten Parametern.

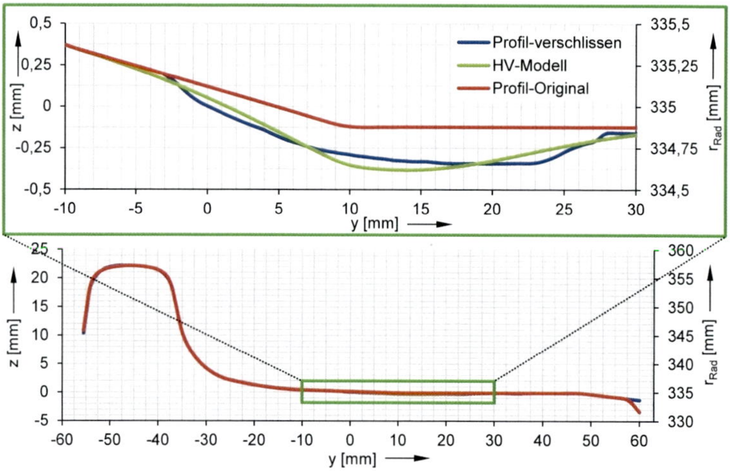

Abb. 4.40: Vergleich des neuen, verschlissenen Profils nach Beendigung der Versuche mit dem aus der Modellrechnung ermittelten Profils des gewalzten Rades

Da die Berührpunktlage zwischen Rad und Schiene während der Versuche nicht messtechnisch kontinuierlich erfasst wurde, kann diese dem HV-Modell nur als konstanter, während dem Stillstand gemessener Wert übergeben werden. Zur Berücksichtigung des konstruktionsbedingten Querspiels wird zu der gemessenen Position ein zufälliger normalverteilter Wert aufaddiert. Weiterhin wird die Kontaktbreite ($2b_{Hertz}$) als linear über alle Versuche wachsend angenommen. Der Umstand, dass ansonsten mit dem nominellen Radprofil gerechnet würde, wird durch eine Filterung der Daten in y-Richtung nach Beendigung der Simulation berücksichtigt.

Für das ungewalzte Rad wird der Verschleißkoeffizient analog ermittelt. Dieser ist in nachfolgender **Abb. 4.41** dargestellt.

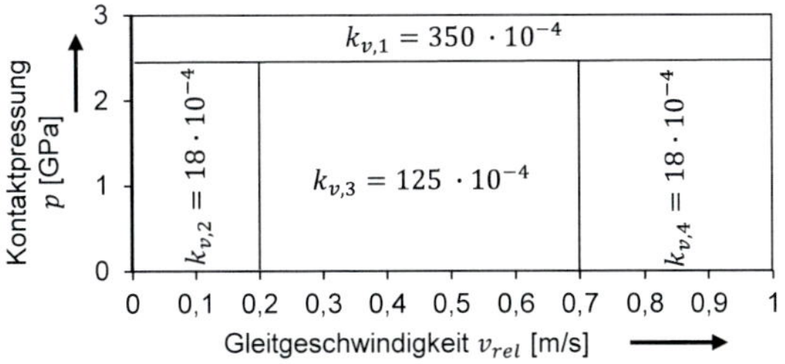

Abb. 4.41: Verschleißkoeffizienten in Anlehnung [Enb06] für das ungewalzte Rad

Die Modellrechnung ergibt ein Verschleißvolumen $W_{v,HVM} = 13.390$ mm³. Bezogen auf das gemessene Verschleißvolumen von $W_{v,ERP} = 13.430$ mm³ ergibt sich eine Abweichung von etwa -0,3 %.

Analog zu Abb. 4.40 zeigt **Abb. 4.42** den Verschleiß ermittelt durch die Modellrechnung im Vergleich zum gemessenen Verschleiß nach Beendigung der Versuche.

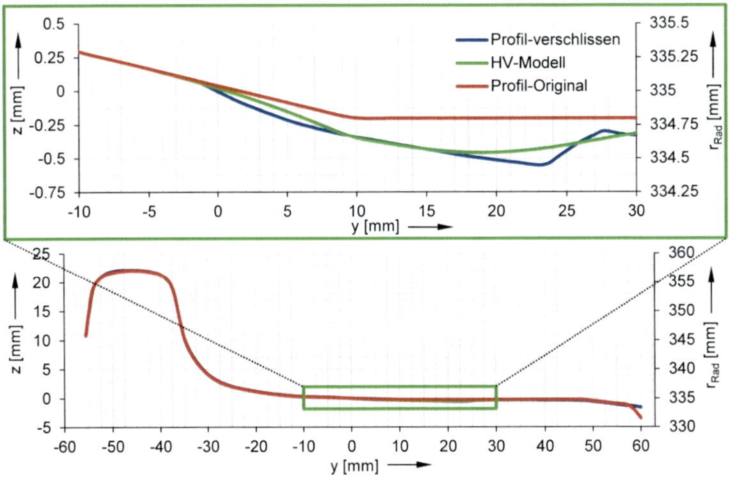

Abb. 4.42: Vergleich des neuen, verschlissenen Profils nach Beendigung der Versuche mit dem aus der Modellrechnung ermittelten Profils des ungewalzten Rades

Es zeigt sich, dass die Tendenz und die Größenordnung des Verschleißes aus der Modellrechnung dem Verschleiß der Prüfstandversuche entsprechen.

4.2.7 Diskussion der aus den Prüfstandversuchen ermittelten Modellparameter

Nachfolgende Tabelle **Tab. 4.12** fasst die aus den Prüfstandversuchen ermittelten Parameter des Härte-Verschleißmodells (HVM) zusammen. Hier zeigt sich, dass für das gewalzte Rad geringere Verschleißkoeffizienten ermittelt wurden, woraus sich auf einen geringeren Verschleiß im Betrieb schließen lässt.

Tab. 4.12: Zusammenfassung der aus den Prüfstandversuchen ermittelten Parameter des Härte-Verschleißmodells

	Verschleißkoeffizienten				Ausgangshärte	Maximale Härte	Anpassungsnenner des Exponenten
	$k_{v,1}$	$k_{v,2}$	$k_{v,3}$	$k_{v,4}$	H_0	H_{max}	k
gewalzt	$350 \cdot 10^{-4}$	$15 \cdot 10^{-4}$	$105 \cdot 10^{-4}$	$15 \cdot 10^{-4}$	310 HV	400 HV	-145
ungewalzt	$350 \cdot 10^{-4}$	$18 \cdot 10^{-4}$	$125 \cdot 10^{-4}$	$18 \cdot 10^{-4}$	270 HV	310 HV	-75

Eine erste Möglichkeit zur Quantifizierung des Verschleißes wird in Gl. (4.19) aufgezeigt. Bei dieser Abschätzung wird der Verschleiß des gewalzten Rades mit dem des ungewalzten ins Verhältnis gesetzt.

$$X = \frac{W_{v,gewalzt}}{W_{v,ungewalzt}} = \frac{k_{v,gewalzt}}{k_{v,ungewalzt}} \cdot \frac{H_{ungewalzt}(U)}{H_{gewalzt}(U)} \tag{4.19}$$

Dies ist aufgrund der in (4.17 getroffenen Annahme des konstanten Verhältnisses der Verschleißkoeffizienten zueinander und der Annahme gleicher Belastung möglich. Die **Abb. 4.43** zeigt die mit dem Härte-Verschleißmodell berechnete Entwicklung der Härte beider Räder und das Verschleißverhältnis in Abhängigkeit der Radumdrehungen.

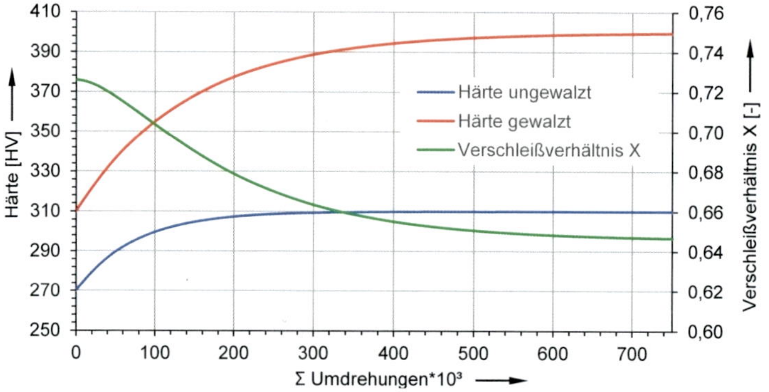

Abb. 4.43: Härteentwicklung und Verschleißverhältnis des Härte- Verschleißmodells in Abhängigkeit der Radumdrehungen

Das minimale Verschleißverhältnis nimmt den Wert $X \approx 0{,}65$ an, was einen um 35 % reduzierten Verschleiß bedeutet. Weiterhin zeigt sich, dass das gewälzte Rad eine größere Zunahme an Härte aufweist. Aufgrund des größeren Anpassungskoeffizienten k wird der Bereich der „Härtesättigung" später als beim ungewalzten Rad erreicht.

Abschließend lässt sich festhalten, dass das Härte- Verschleißmodell die Prüfstandergebnisse in guter Näherung abbildet. Weiterhin wird die Hypothese aus Kap. 4.2.5 des besseren Verschleißverhaltens des gewalzten Rades gegenüber des ungewalzten Rades erhärtet.

4.2.8 Erweitertes Verschleißmodell

Das erweiterte Verschleißmodell berücksichtigt die Ereignisse des Sandens und einer verunreinigenden viskosen Zwischenschicht im Kontakt. Aus **Abb. 4.44** geht hervor, dass der mittlere A_q-Wert der verschiedenen Messreihen beim Einsatz von Streumitteln und Seifenlauge bzw. Streumitteln um einen Wert ΔA_q steigt. Das erweiterte Verschleißmodell beschreibt den Verschleiß infolge der Änderung des Gradienten der Oberfläche.

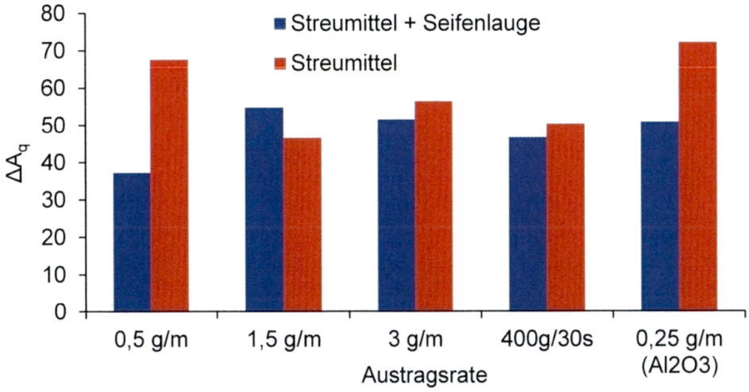

Abb. 4.44: Mittlere Steigerung des A_q-Wertes während der Versuche unterschiedlicher Austragsraten beim gewalzten Rad

Wie in Kapitel 2.6.1 dargestellt, beschreibt RABINOWICZ [Rab65] das Verschleißvolumen infolge von Furchung. In Gl. (4.20) beschreibt Θ den Winkel der Furche, welche in das Material in eine Furche eingebracht wird.

$$W_{v,\Theta} = \frac{\pi}{2} \cdot \frac{tan\Theta}{H} \cdot F_N \cdot s \tag{4.20}$$

Unter der Voraussetzung $tan\Theta = \varphi'$nn (4.20 als Summe für den Verschleiß verschiedener Furchungswinkel als Gl. (4.21) dargestellt werden.

$$W_v = \sum \frac{\pi}{2} \cdot \frac{tan\Theta}{H} \cdot F_N \cdot s = \frac{\pi}{2} \cdot \frac{F_N \cdot s}{H} \cdot \sum \varphi' \tag{4.21}$$

Für die Verteilung der Winkel wird die in **Abb. 4.45** dargestellte Normalverteilung angenommen. Die Streuwinkelverteilung ergibt sich aus den mit dem Streulichtsensor gemessenen Intensitäten I für die diskret verteilten Streuwinkel gemäß Gl. (4.22).

$$H(\varphi') = \frac{I(\varphi')}{I_{gesamt}} \tag{4.22}$$

Aus Gl. (4.22) folgt Gl. (4.23).

$$\sum_{-\varphi'}^{\varphi'} H(\varphi') = 1 \tag{4.23}$$

Die Verteilungsfunktion ergibt sich somit zu

$$H(\varphi') = \frac{\frac{1}{\sqrt{2\pi\sigma^2}} \cdot e^{\frac{(\varphi'-\mu)^2}{-2\sigma^2}}}{\sum_{-\varphi'}^{\varphi'} \frac{1}{\sqrt{2\pi\sigma^2}} \cdot e^{\frac{(\varphi'-\mu)^2}{-2\sigma^2}}} \tag{4.24}$$

Der Erwartungswert μ (bzw. M in Gl. (2.6) wird zu null gesetzt. Diese Annahme wurde durch die Messungen bestätigt.

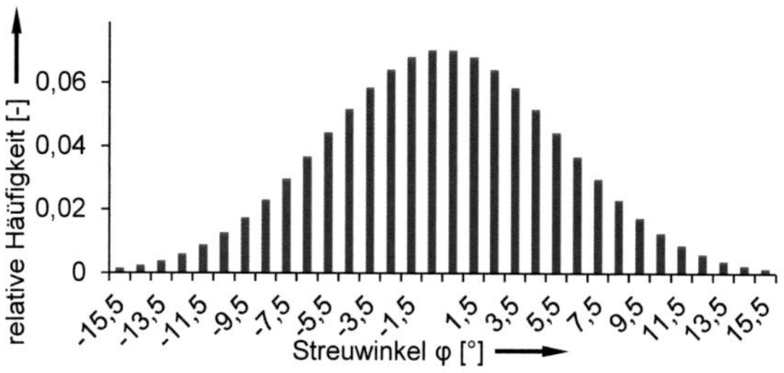

Abb. 4.45: Normalverteilung der Streuwinkel

Somit kann Gl. (2.6) zusammen mit Gl. (4.24) als Gl. (4.25) formuliert werden.

$$A_q = k_i \cdot \sum \varphi'^2 \cdot H(\varphi') \tag{4.25}$$

Für die Information über die Verteilung der Streuwinkel ist weiterhin die Kenntnis über die Varianz σ^2 notwendig. Dieser Zusammenhang ist in **Abb. 4.46** (blauer Graph) dargestellt.

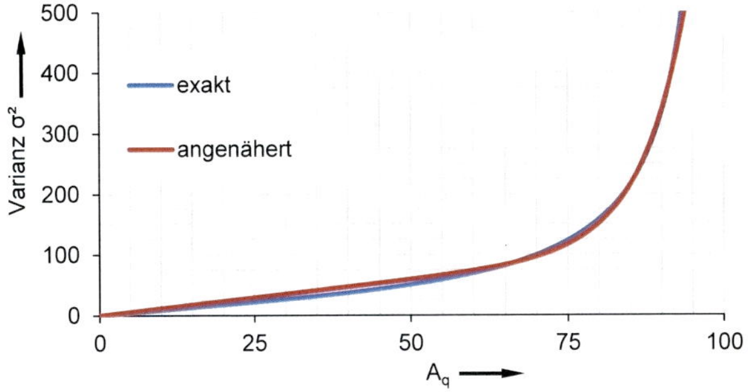

Abb. 4.46: Zusammenhang zwischen dem A_q-Wert und der Varianz unter der Voraussetzung einer Normalverteilung der Streuwinkel

Diese Funktion wurde numerisch ermittelt. Der rote Graph in Abb. 4.46 zeigt eine Annäherung an den Zusammenhang (vgl. Gl. (4.26)).

$$\sigma^2(A_q) = a \cdot e^{b \cdot A_q} + c \cdot A_q \tag{4.26}$$

Diese Näherung gibt bis $A_q \approx 95$ akzeptable Werte. Bei der Anwendung des erweiterten Verschleißmodells auf größere A_q-Werte muss auf die numerisch ermittelte Lösung zurückgegriffen werden. Für die Messung 500 (Prüf-ID 8) ist die Verteilung der Streuwinkel über der Zeit exemplarisch in **Abb. 4.47** dargestellt. Zu Beginn der Bremsung ($t < 0$) ist die Verteilung des Streuwinkels aufgrund des geringen A_q-Wertes auf einen schmalen Bereich beschränkt.

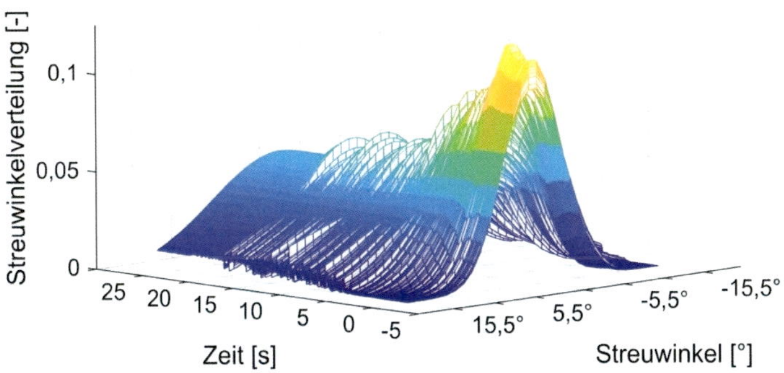

Abb. 4.47: Streuwinkelverteilung in Abhängigkeit der Zeit (Messung 500, Prüf-ID 8)

Mit dem Beginn der Bremsung und dem Einbringen von Streumittel und Wasser in den Kontakt wird die Verteilung der Streuwinkel flacher und breiter. Dies ist auf eine Zunahme des A_q-Wertes zurückzuführen.

Das durch (4.20 von RABINOWICZ vorgestellte Modell beschreibt die Furchung eines einzelnen Korns bzw. Fremdkörpers in einer ideal glatten Oberfläche. Im vorliegenden Fall hingegen ist die Ausgangsoberfläche nicht ideal glatt, sondern weist eine Rauheit auf. Außerdem wird nicht nur ein einzelnes Korn in den Kontakt eingebacht, sondern eine Vielzahl. Zur Berücksichtigung der Anzahl der Fremdkörper im Kontakt wird der Verschleißkoeffizient $k_{v,erw}$ eingeführt. Hieraus folgt unter Berücksichtigung von Gl. (4.21) für die Furchung einer ideal glatten Oberfläche für einen beliebigen Zeitschritt n_1 Gl. (4.27).

$$W_{V,erw,glatt}(n_1) = \frac{\pi}{2} \cdot \frac{F_N(n_1) \cdot s(n_1)}{H(n_1)} \cdot \sum k_{v,erw} \cdot \varphi'^{(n_1)} \tag{4.27}$$

Die Berücksichtigung der rauen Oberfläche erfolgt durch den Bezug zum vorherigen Zeitschritt. Der Betrag der Differenz von zwei Zeitschritten wird als Verschleißvolumen infolge Furchung, aber auch Glättung angenommen. Das Verschleißvolumen $W_{V,erw}(n+1)$, welches vom Zeitschritt n bis $n+1$ erzeugt wird, kann mit Hilfe von Gl. (4.28) ermittelt werden.

$$W_{V,erw}(n+1) = \left| W_{V,erw,glatt}(n+1) - W_{V,erw,glatt}(n) \right| \tag{4.28}$$

Da im alltäglichen Fahrzeugbetrieb der A_q-Wert nicht kontinuierlich erfasst wird, ist zur Bestimmung des Verschleißes infolge Sandens die Kenntnis über den Verlauf des A_q-Wertes über dem zurückgelegten Weg notwendig. Hierfür wird ein Modell für die Steigerung des A_q-Wertes in Abhängigkeit der Ausgangsoberflächenbeschaffenheit auf Grundlage der Prüfstandversuche eingeführt. Nachfolgende **Abb. 4.48** zeigt die Ergebnisse der Prüfstandversuche, sowie das Modell.

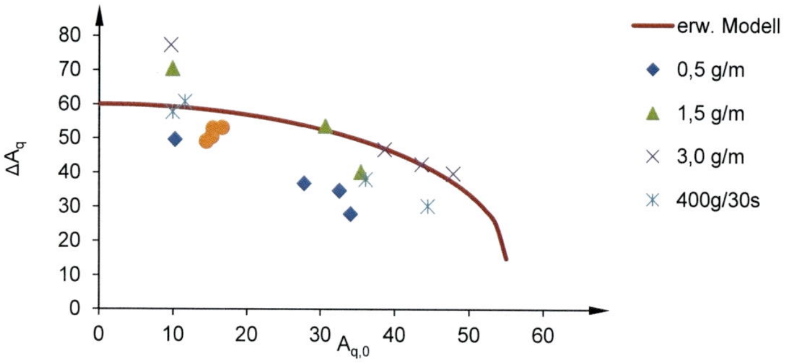

Abb. 4.48: Zunahme des A_q-Wertes in Abhängigkeit des $A_{q,0}$-Wertes vor Einbringung des Streumittels in den Kontakt

Wie aus Gl. (4.29) ersichtlich, lasst sich der Zuwachs des A_q-Wertes in elliptischer Form darstellen.

$$\Delta A_q = \sqrt{1 - \left(\frac{A_{q,0}}{B}\right)^2} \cdot A + C \tag{4.29}$$

$A_{q,0} \;= A_q - Wert\ zum\ Zeitpunkt\ des\ Bremsbeginns$
$\Delta A_q = \ Zuhnahme\ des\ A_q - Wertes$
$A, B, C = Ellipsenparameter$

Abb. 4.49 verdeutlicht, welcher mittlere A_q-Wert sich im jeweiligen (Anhalte-) Wegintervall in Abbhängigkeit der Austragsrate eingestellt hat.

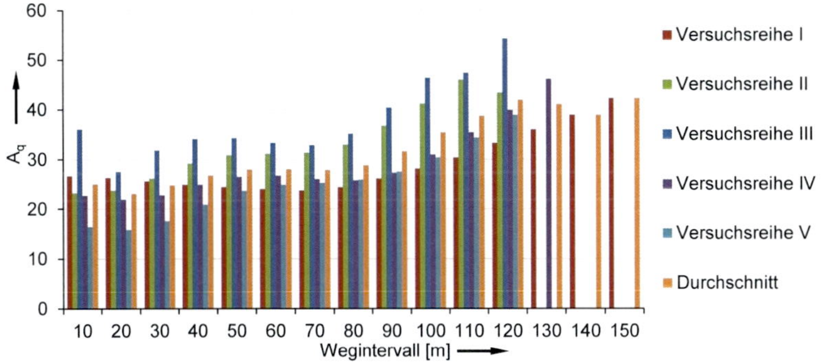

Abb. 4.49: A_q-Werte in Abhängigkeit des Wegintervalls

Der ebenfalls in Abb. 4.49 dargestellte Mittelwert über die verschiedenen Austragsraten wird für die weitere Modellbildung als Entwicklung des A_q-Wertes über dem Weg angenommen.

Des Weiteren wird diesem Verlauf ein Rauschen überlagert. Der so erzeugte synthetische A_q-Wert über dem Weg während des Sandens ist in **Abb. 4.50** dargestellt. Zum Vergleich ist weiterhin der während der Messung 905 gemessene A_q-Wert dargestellt.

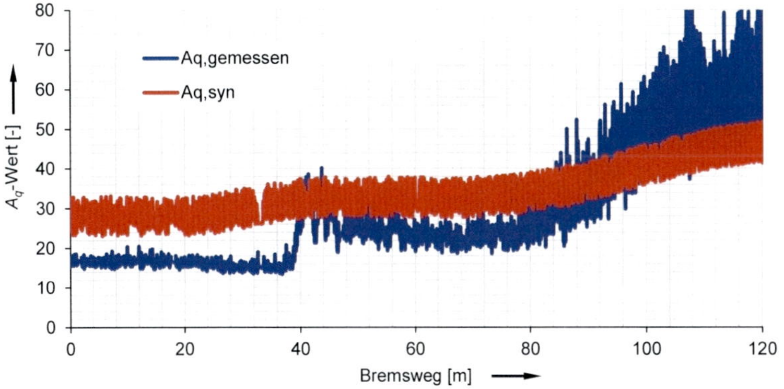

Abb. 4.50: A_q-Werte in Abhängigkeit des Wegintervalls

Die Abweichung des Verschleißes zwischen dem auf Grundlage des gemessenen und synthetisch erzeugten A_q-Wertes beträgt für diese Messung etwa 3 %.

Die Parametrierung des Verschleißkoeffizienten $k_{v,erw}$ kann mit den vorliegenden Versuchen allein nicht durchgeführt werden, da hierfür Versuche mit gleichbleibenden Parametern (wie z.B. Austragsrate) nötig sind.

5 Kombination von Härte-Verschleißmodell und Mehrkörpersimulation

Das in Kapitel 4.2.6 dargestellte Modell beschreibt die Entwicklung der Oberflächenhärte des Rades ((4.12) und des Radverschleißes ((4.15) in Abhängigkeit der Radbelastung. Zur Beurteilung des Einflusses der Radausgangshärte auf das Verschleißverhalten in der Realität muss in einem weiteren Schritt der Fahrzeugbetrieb dargestellt werden. Hierfür sind zum einen die Beschreibung eines Fahrzeuges und einer Strecke und zum anderen das Verhalten eines Triebfahrzeugführers notwendig. Das Betriebsverhalten wird am Beispiel der STUTTGARTER STRAßENBAHNEN AG simuliert. Dies geschieht nachfolgend mit einer Co-Simulation zwischen SIMULINK und der Mehrkörpersimulationssoftware SIMPACK, wobei Fahrzeug und Strecke in SIMPACK und das Verhalten des Fahrers mit SIMULINK dargestellt werden.

5.1 Fahrzeug

Bei dem der Simulation zugrunde gelegten Fahrzeug handelt es sich um ein zweiteiliges, hochfluriges Stadtbahnfahrzeug der Baureihe DT8.10/11 (**Abb. 5.1**).

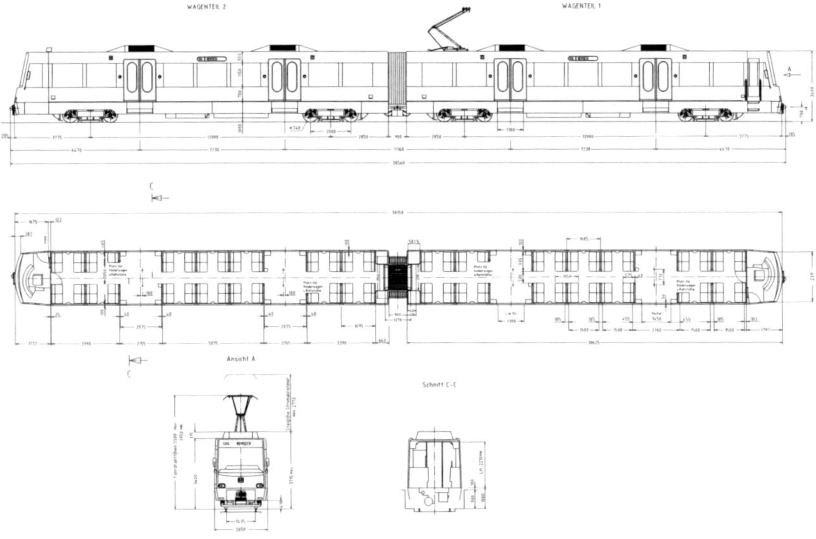

Abb. 5.1: Wagenbild des Stadtbahnfahrzeuges DT 8.10

Es besteht aus zwei Wagenkästen mit je zwei Drehgestellen, wobei alle Radsätze angetrieben sind. Die Modellierung des Fahrzeuges erfolgt mit der Mehrkörpersimulations-Software (MKS) SIMPACK als Starrkörpermodell. Das MKS-Modell übernommen aus [Kur08] übernommen.

Das Drehgestell ist mit einem Drehkranz und einem Wiegenträger (**Abb. 5.2**) an den Wagenkasten angebunden. Die Sekundärfederung ist als Luftfeder mit parallel angeordneten (Vertikal-) Dämpfern ausgeführt. Die laterale Bewegung zwischen Wiegenträger und Drehgestellrahmen wird ebenfalls hydraulisch gedämpft, wobei der mögliche Querweg durch elastische Endanschläge begrenzt wird. In Längsrichtung wird die Kraft zwischen Quertraverse und Drehgestell mittels Längsmitnahme übertragen.

Die zwei Fahrmotoren sind am Drehgestellrahmen gelagert und übertragen das Antriebsmoment über ein Getriebe und eine Lenkerkupplung auf die Radsätze. Die Lenkerkupplung gleicht das Querspiel und die Bewegung des Radsatzes in der Primärfederung aus. Weiterhin ist jeder Radsatz mit einer Wellenbremsscheibe, sowie dazugehöriger Bremszange ausgestattet. Für die Simulation wurde der Antriebsstrang (Motor, Getriebe und Lenkerkupplung) als Starrkörper, ohne Berücksichtigung der Rotation dieser Bauteile simuliert.

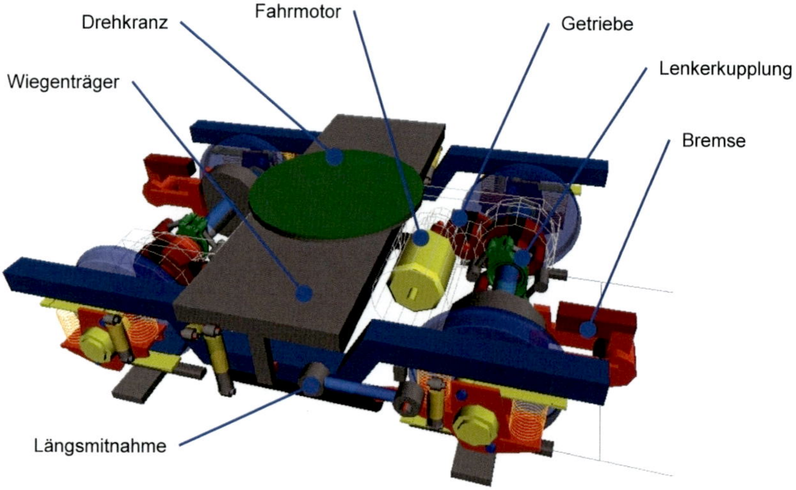

Abb. 5.2: MKS-Modell des Drehgestells

Wie in **Abb. 5.3** dargestellt, stütz sich der Drehgestellrahmen mit je zwei Schraubenfedern auf den Radsatzlagern ab. Die Kraftübertragung in längs und lateraler Richtung wird mittels Blattfederlenker realisiert. Diese sind weiterhin als Lemniskate angeordnet, so dass die Bewegungsfreiheit in vertikaler Richtung gegeben ist.

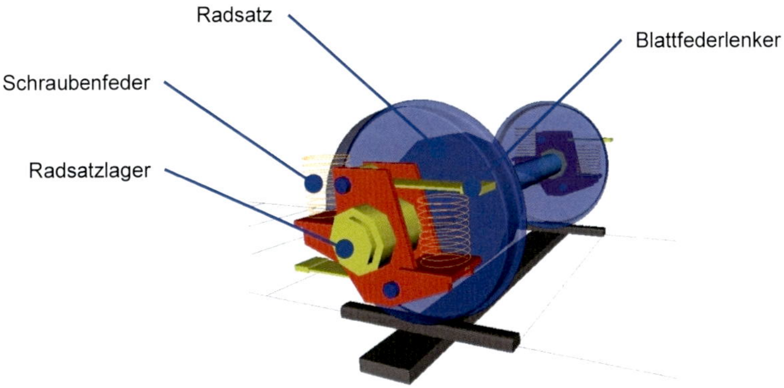

Abb. 5.3: MKS-Modell des Radsatzes

Die Kraftschlusskräfte zwischen Rad und Schiene wurden von dem MKS-Programm SIMPACK mittels FASTSIM-Algorithmus (vgl. Kap. 2.3) berechnet. Hierbei betrug der maximale Kraftschlussbeiwert $f = 0{,}4$. Zur Berücksichtigung der Sprukranzschmierung wurde der maximale Kraftschlussbeiwert gemäß der in **Abb. 5.4** dargestellten Funktion in Abhängigkeit der Position auf dem Radprofil gewichtet.

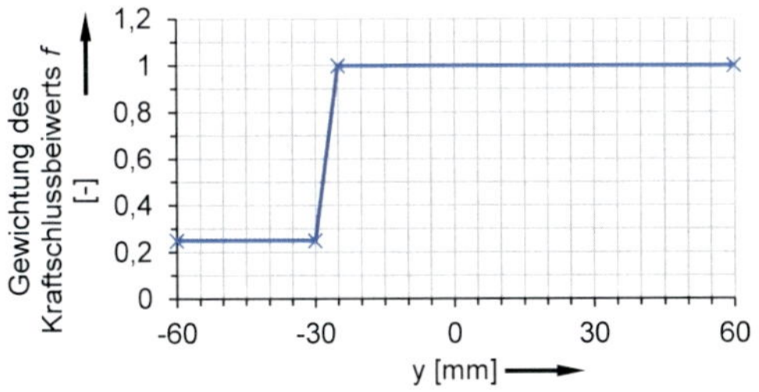

Abb. 5.4: Gewichtungsfunktion für die Spurkranzschmierung

In obiger Abbildung bezeichnet die Ordinate $y = 0$ mm die Messkreisebene.

5.2 Strecke

Zur Bestimmung der Kräfte zwischen Rad und Schiene ist nicht nur die Beschreibung eines Fahrzeuges als Mehrkörpermodell notwendig, sondern es müssen ebenfalls Informationen über die zu befahrende Strecke vorliegen. Hierfür wurden die Streckendaten des Stuttgarter Straßenbahnnetzes zugrunde gelegt. Bei der Modellierung wurden folgende Trassierungselemente (**Tab. 5.1**) verwendet:

Tab. 5.1: Verwendete Trassierungselemente

Horizontal	Überhöhung	Vertikal
Gerade		Konstante Steigung
Übergangsbogen/Klothoide	Lineare Rampe	Parabelförmiger Übergang
Bogen	konstant	eben

Nachfolgende **Abb. 5.5** zeigt exemplarisch die ersten 2000 m der Linie 1 von Vaihingen nach Fellbach. In dieser Darstellung zeigt der blaue Graph die Krümmung der Strecke über den Weg. Analog dazu stellt der rote Graph die Überhöhung der Strecke dar, wobei nicht jeder Bogen eine Überhöhung aufweist. Der grüne Graph gibt die Information über die Höhe, bzw. die Steigung der Strecke. Im Gegensatz zur Höhe über Normal Null ist hier der Nullpunkt der Höhe in den Beginn der Strecke gelegt worden. Mit diesen Informationen kann die gesamte Trassierung der Strecke beschrieben werden. Die Gesamtlänge der Strecke beträgt etwa $S_{ges} = 17$ km.

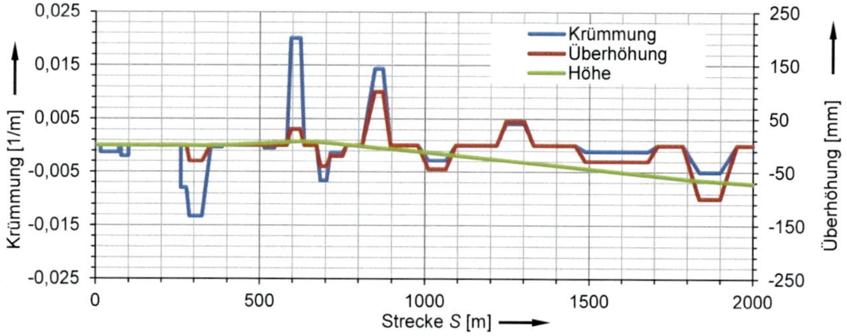

Abb. 5.5: exemplarische Darstellung der ersten 2000 m Trassierung der Linie 1

Der Verlauf der Strecke wird durch die Koordinatendarstellung in **Abb. 5.6**, links verdeutlicht. Die Abb. 5.6, rechts zeigt die graphische Umsetzung im MKS-Programm SIMPACK.

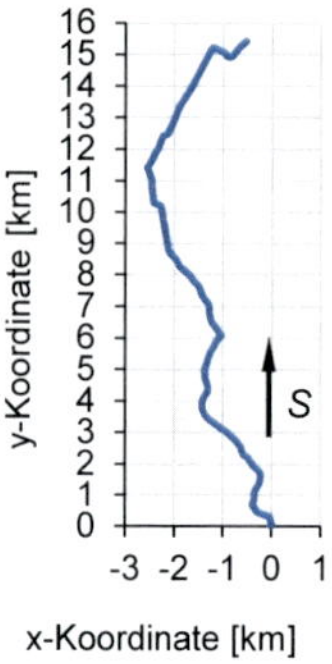

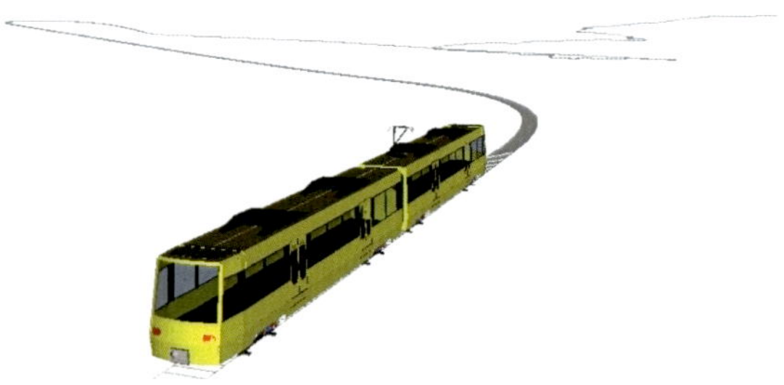

Abb. 5.6: links: Koordinatendarstellung der Linie 1 (Draufsicht)
rechts: Fahrzeug und Strecke im MKS-Programm SIMPACK

Mit den oben dargestellten Informationen lässt sich die Trassierung vollständig beschreiben, wobei die stochastische Abweichung (Gleislagefehler) von der Soll-Gleislage ebenfalls zur Beschreibung der Strecke zuzurechnen ist. Zur Darstellung der Gleislagestörung können sowohl die in **Abb. 5.7** gezeigten Schienenkoordinaten, als auch Gleiskoordinaten genutzt werden. Bei der Darstellungsform in Schienenkoordinaten wird jeweils für die rechte und für die linke Schiene die Abweichung in vertikale und horizontale Richtung angegeben. Die Darstellung der Abweichung von der Soll-Lage in Gleiskoordinaten beschreibt zum einen die horizontale und vertikale Auslenkung des Gleises und zum anderen die Neigung des Gleises und die Änderung der Spurweite. Beide Darstellungsformen sind ineinander überführbar.

Die gesamte Strecke, bestehend aus Trassierung und Gleislagefehler kann so in Abhängigkeit des Weges dargestellt werden. Diese Form entspricht dem Messschrieb einer Gleislagemessung mit überlagerter Trassierung. Da die MKS als Zeitschrittsimulation ausgeführt ist, muss somit für jeden Zeitschritt die Information über die Gleislage vorliegen, was zu sehr großen Datenmengen führt.

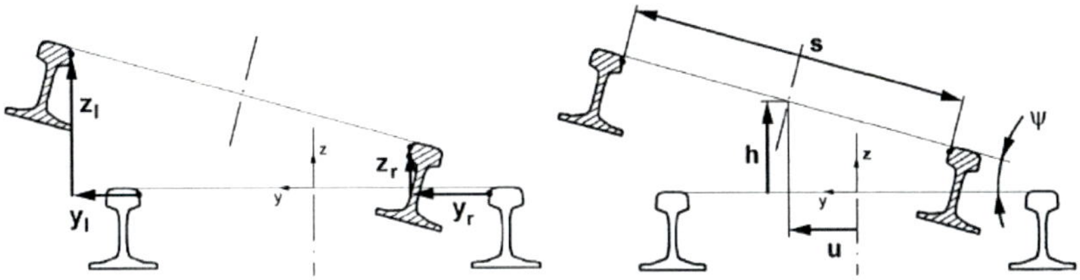

Abb. 5.7: links: Gleislagestörung dargestellt in Schienenkoordinaten
rechts: Gleislagestörung dargestellt in Gleiskoordinaten

Eine weitere Möglichkeit zur Abbildung der Gleislage bieten spektrale Leistungsdichtefunktionen. Diese werden aus den äquidistant gemessenen Messwerten der Gleislagemessung mittels (Fast-) Fouriertransformation (FFT) mit Wegfrequenzschrittweite $\Delta\Omega$ gebildet. Hierbei wird der Effektivwert der Abweichung bezogen auf die Wegfrequenzschrittweite $\Delta\Omega$ über der Wegkreisfrequenz dargestellt (siehe folgende **Abb. 5.8**).

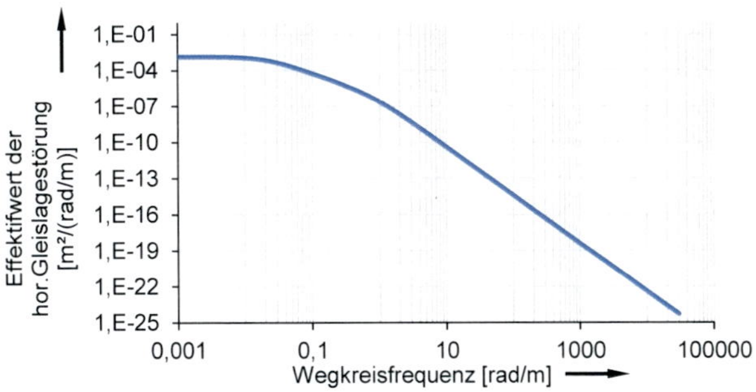

Abb. 5.8: exemplarische Darstellung der Leistungsdichtefunktion für die horizontale Gleisstörung

Für die Darstellung der gesamten Strecke wird die Leistungsdichtefunktion mittels inverser FFT wieder in eine Größe in Abhängigkeit der Strecke zurücktransformiert. Da aus der obigen Darstellung keine Information über die Lage der Phase entnommen werden kann, wird diese für jede Wellenlänge zufällig ausgewählt. Es sei weiterhin angemerkt, dass bei dieser Methode singuläre Ereignisse wie beispielsweise Stöße durch Weichen nicht berücksichtigt werden.

Bei den hier simulierten Strecken wurden die Leistungsdichtefunktionen gemäß ORE B176 [ORE89] angewendet.

5.3 Modellierung des Triebfahrzeugführers (Regler)

Die Aufgabe des SIMULINK – Reglers ist das Nachempfinden des Verhaltens des Triebfahrzeugführers. Die Grundlage hierfür bildet die auf dem jeweiligen Streckenabschnitt zulässige Höchstgeschwindigkeit (**Abb. 5.9**, roter Graph-v_{max}). Die Führungsgröße für den Regler stellt die Sollgeschwindigkeit (Abb. 5.9, grüner Graph-$v_{Regler,soll}$) bzw. Abweichung von der Sollgeschwindigkeit dar. Es wird eine Spitzfahrt, also das Fahren mit maximaler Beschleunigung bis zum Erreichen der Höchstgeschwindigkeit nachgebildet. Das Bremsverhalten wird analog dargestellt, d.h. es wird maximal verzögert. Hieraus ergibt sich die in Abb. 5.9 mit dem blauen Graph gezeigten Geschwindigkeit (v_{soll}). Der gelbe Graph zeigt die Fahrzeiten zwischen den jeweiligen Stationen.

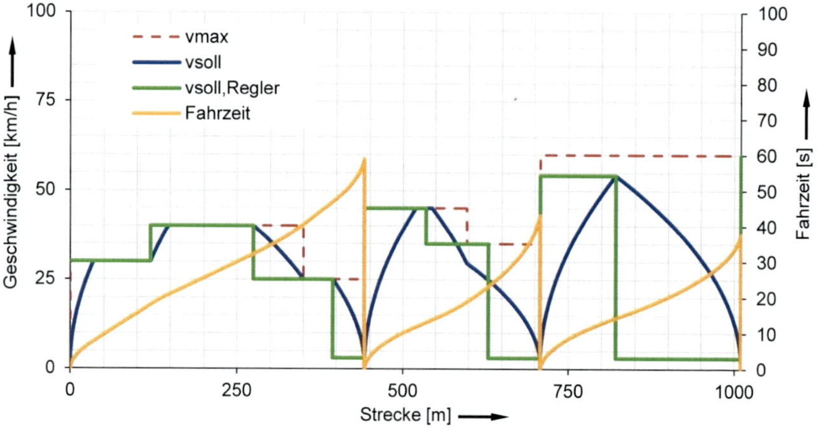

Abb. 5.9: exemplarische Darstellung der Geschwindigkeiten der ersten 1000 m von Linie 1

Die (Regler-) Sollgeschwindigkeit, welche an den Regler übergeben wird, folgt aus den Vorgaben des Fahrplans. Der Bremseinsatzpunkt wird so gewählt, dass beim Bremsen mit vorgegebener Verzögerung die Sollgeschwindigkeit zum Geschwindigkeitswechsel erreicht wird. Die Mehrkörpersimulation benötigt immer eine Differenzgeschwindigkeit zwischen Rad und Schiene zur Berechnung der Kraftschlusskräfte und eine Fahrzeuggeschwindigkeit größer null. Die minimale Sollgeschwindigkeit wird auf v_{soll} = 3 km/h gesetzt.

Der Aufbau der Co-Simulation ist in **Abb. 5.10** dargestellt. Die Fahrzeuggeschwindigkeit $v_{Fzg,ist}$ wird der SIMULINK Berechnung nach jedem Zeitschritt zur Verfügung gestellt.

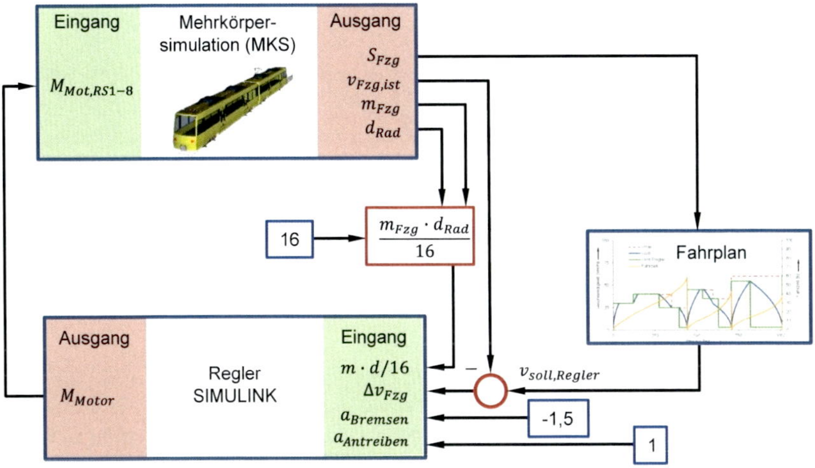

Abb. 5.10: Co-Simulation zwischen SIMPACK (MKS) und SIMULINK

Hieraus wird mit der (Regler-) Sollgeschwindigkeit $v_{Regler,soll}$ die Differenzgeschwindigkeit Δv_{Fzg} als Abweichung von der Führungsgröße ermittelt und an den Regler übergeben. Weiterhin werden dem v-Regler ein sechszehntel des Produktes aus Fahrzeugmasse und Raddurchmesser, sowie eine Sollbeschleunigung $a_{Antreiben}$ und -verzögerung a_{Bremsen} übergeben.

Das durch den Regler ermittelte Antriebs- bzw. Bremsmoment wird gemäß Gl. (5.1) limitiert. Somit bewegt sich die Fahrzeugbeschleunigung innerhalb der Sollbeschleunigung und -verzögerung.

$$M_{Mot,RS\,1-8,Min-Max} = \frac{m_{Fzg}}{n} \cdot \frac{d_{Rad}}{2} \cdot a \tag{5.1}$$

$$n = Anzahl\ der\ Radsätze$$

Die Sollbeschleunigung und -verzögerung wird dem Regler als Konstante vorgegeben. Das Gewicht des Wagens hingegen wird vom SIMPACK-Modell an den Regler übergeben, so dass automatisch verschiedene Beladungszustände des Fahrzeuges berücksichtigt werden.

5.4 Ergebnisse der Simulation

Zur Veranschaulichung der Ergebnisse der Mehrkörpersimulation wird exemplarisch ein Abschnitt der Linie U1 (Vaihingen Bahnhof Richtung Fellbach) betrachtet. Diese in **Abb. 5.11** über dem Weg dargestellten Ergebnisse zeigen den Abschnitt von der Haltestelle Fauststraße (708 m) über Viadukt (1010 m), Engelboldstraße (1927 m), Kaltental (2168 m) bis zur Haltestelle Waldeck (2843 m). Den Ursprung der Wegangaben bildet die Haltestelle Vaihingen Bahnhof (0 m).

Im ersten Teil des Diagramms sind die Geschwindigkeiten dargestellt. Der grüne Graph zeigt die Sollgeschwindigkeit des Fahrzeuges. Der blaue Graph zeigt die durch die Co-Simulation simulierte Geschwindigkeit. Aus dieser Darstellung wird deutlich, dass das Fahrzeug der Sollgeschwindigkeit zufriedenstellend folgt.

Der zweite Graph zeugt das Antriebsmoment der Radsätze. Dieses wird für alle acht Radsätze des Fahrzeuges gleich vorgegeben.

Der Dritte Plot zeigt die Trassierung der Strecke in Form von Krümmung (rot) und Überhöhung (grün).

Alle folgenden Graphen zeigen Ergebnisse des linken Rades des führenden Radsatzes. Hier werden der Berührpunkt auf der Lauffläche in y-Richtung, die Normalkraft und der Gleitweg je Simulationsschritt dargestellt. Die blauen Kurven beziehen sich immer auf den ersten Kontaktpunkt. Infolge großer Radaufstandskräfte oder Fahrten durch enge Bögen kann es zur Zweipunktberührung kommen. Die Ergebnisse des zweiten Berührpunktes (falls vorhanden) werden durch die grünen Graphen repräsentiert.

Diese in den letzten drei Graphen visualisierten Ergebnisse dienen als Eingangsgrößen für das Härte-Verschleißmodell. Des Weiteren wird die Größe der Kontaktflächen berücksichtigt. Die Verteilung der Pressung wird analog zu der in Abb. 4.37 dargestellten angenommen. Diese Eingangsgrößen werden für jedes Rad des Fahrzeuges dem HV-Modell zur Verfügung gestellt. Bei allen Berechnungen werden zwei Berührpunkte berücksichtigt. Diese Herangehensweise ist bei der Verwendung des Nennprofils legitim. Sollen die Simulationen mit verschlissenen Profilen durchgeführt werden, so muss die Anzahl der auszuwertenden Berührpunkte erhöht werden.

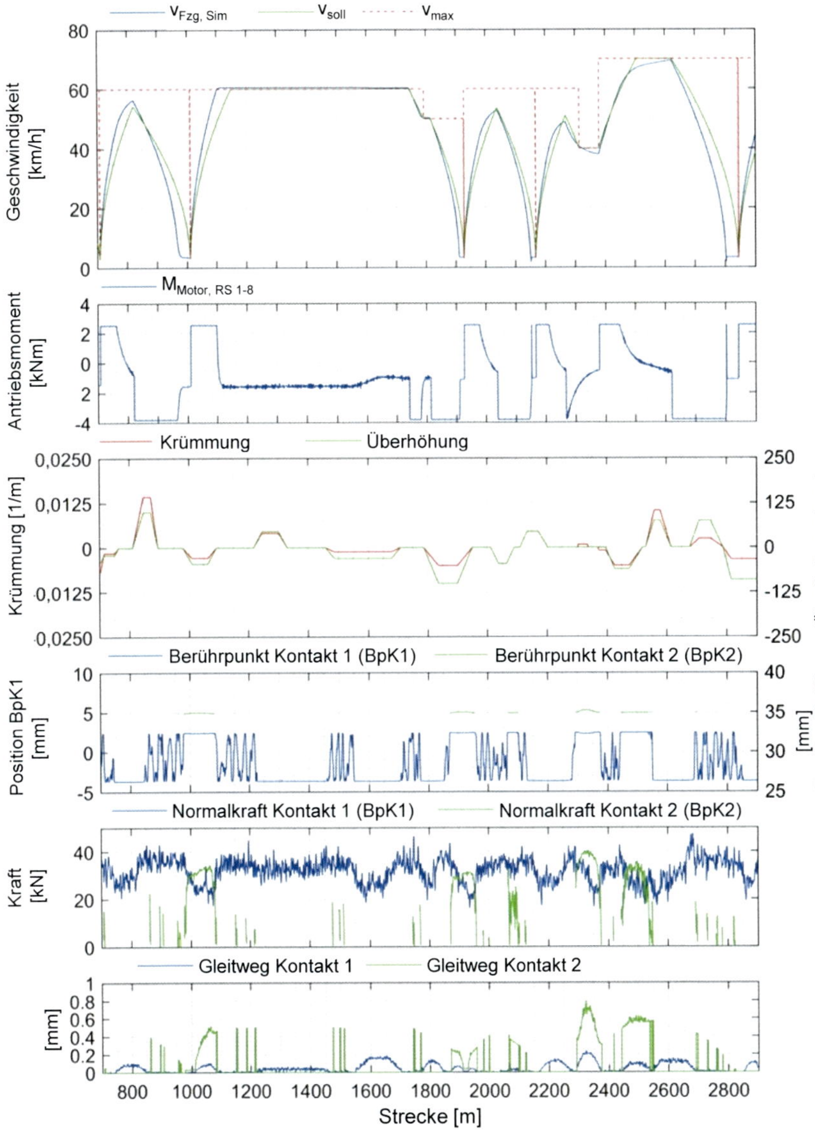

Abb. 5.11: Ausschnitt der Ergebnisse der Mehrkörpersimulation (Führender Radsatz, linkes Rad)

Zur Ermittlung des Einflusses der Materialausgangshärte auf den Verschleiß wird das führende, linke Rad des in Abb. 5.1 dargestellten Stadtbahnfahrzeuges betrachtet. Zur Vergleichbarkeit der Ergebnisse wurde die Simulation zum einen mit den Ausgangsparametern (**Tab. 5.2**) für das ungewalzte Rad und zum anderen mit denen für das gewalzte Rad durchgeführt.

Tab. 5.2: Ausgangsparameter der Simulation

		ungewalzt	gewalzt
H_0	Ausgangshärte	270 HV	310 HV
H_{max}	maximale Härte	310 HV	400 HV
k	Anpassungsnenner des Exp.	-75	-145

In den folgenden Diagrammen bezeichnet die y-Koordinate $y = 0$ mm die Messkreiseben und Werte $y < 0$ mm den Bereich zwischen Messkreisebene und Radrücken. Die Eingangsgrößen für das HV-Modell bilden die oben beschriebenen Größen aus der Mehrkörpersimulation.

Exemplarisch ist folgend der (simulierte) Materialabtrag für eine zurückgelegte Strecke von 170 km für das gewalzte und ungewalzte Rad dargestellt. Dies entspricht etwa 7.000.000 Zeitschritten bzw. U ≈ 85.000 Umdrehungen des Rades. Für das ungewalzte Rad wird der Materialabtrag in **Abb. 5.13** gezeigt.

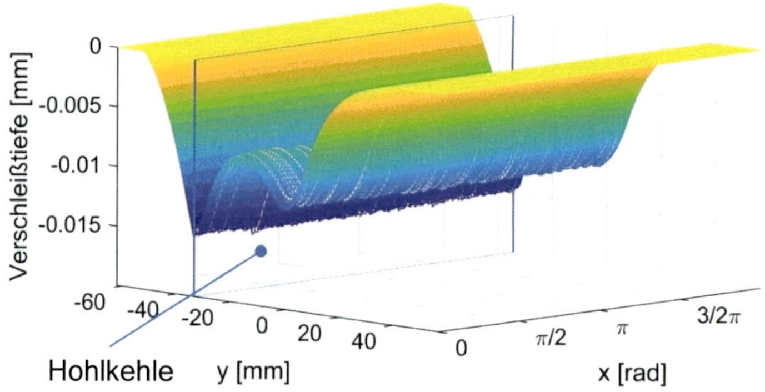

Abb. 5.12: Darstellung des simulierten Verschleißes ohne Korrektur für die Simulation von etwa 170 km Streckenfahrt mit dem ungewalzten Rad (führender Radsatz, linkes Rad)

Es zeigt sich, dass Verschleiß im Bereich der Lauffläche um die Messkreisebene herum auftritt. In Richtung Spurkranz tritt ebenfalls Verschleiß infolge Zweipunktberührung bzw. Anlaufen des Spurkranzes auf. Der sechste Graph der Abb. 5.11 zeigt, dass die Gleitwege im Bereich der Spurkranzberührung um ein Vielfaches länger sind als im Bereich der Lauffläche. Folglich stellt sich für diesen Bereich rechnerische ein sehr großer Verschleiß ein. Weiterhin wird der Effekt durch die Zwischenschicht, welcher durch die Sprurkranzschmierung erzielt wird, durch das bisherige Härte-Verschleißmodell nicht berücksichtigt.

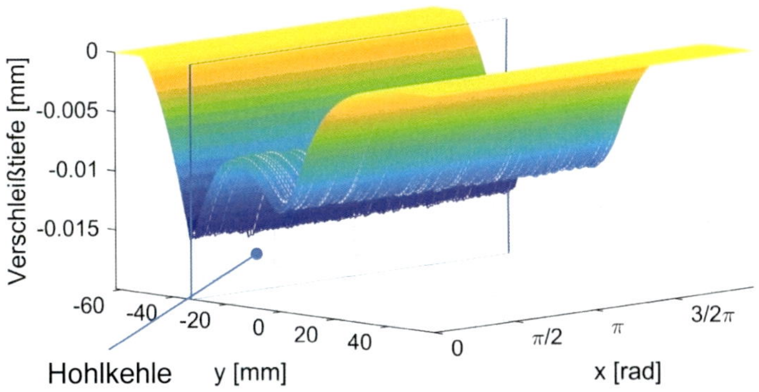

Abb. 5.13: Darstellung des simulierten Verschleißes ohne Korrektur für die Simulation von etwa 170 km Streckenfahrt mit dem ungewalzten Rad (führender Radsatz, linkes Rad)

Aus diesem Grund wird die in **Abb. 5.14** dargestellte Korrekturfunktion [IFS16] eingeführt. Diese Funktion reduziert den Verschleiß im Bereich der Hohlkehle und der Spurkranzflanke auf 40 % des Ausgangswertes.

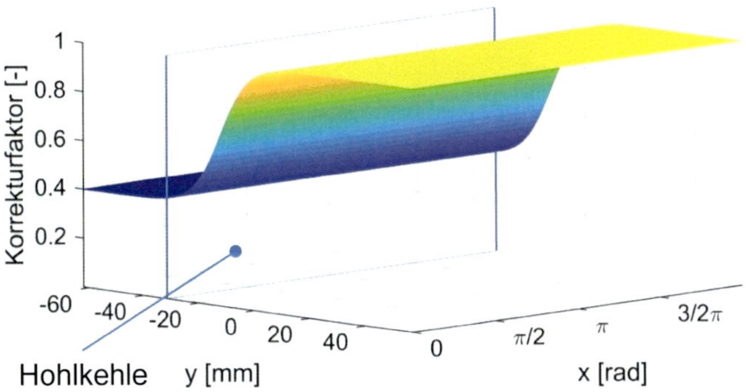

Abb. 5.14: Korrekturfunktion zur Berücksichtigung der Spukranzschmierung [IFS16]

Das Ergebnis der Verschleißsimulation des ungewalzten Rades nach Anwendung der Korrekturfunktion ist in **Abb. 5.15** dargestellt. Es zeigt sich, dass der Verschleiß im Bereich der Spurkranzflanke und Hohlkehle geringer ist als im Bereich der Lauffläche. Über den Umfang kann der Verschleiß als nahezu konstant angenommen werden.

Durch das Aufsummieren der Verschleißvolumina $V(x,y)$ über die Mantelfläche erhält man das simulierte Verschleißvolumen. Dies beläuft sich beim ungewalzten Rad auf $V_{Versch,270HV}(170\ km)$ = 880 mm³.

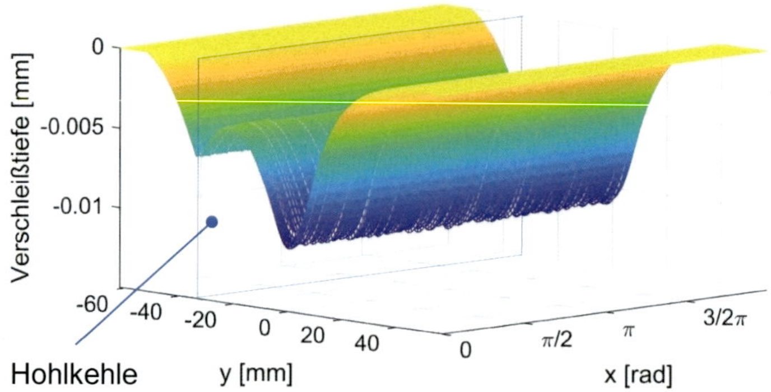

Abb. 5.15: Darstellung des simulierten Verschleißes für die Simulation von etwa 170 km Streckenfahrt mit dem ungewalzten Rad (führender Radsatz, linkes Rad) mit Korrektur

Die Steigerung der Härte wird mit der in (4.12 beschriebenen Gesetzmäßigkeit für die Abhängigkeit der Härtesteigerung in Abhängigkeit der Überrollungen berechnet. Das so simulierte Ergebnis ist in **Abb. 5.16** dargestellt. Im Bereich der Lauffläche stellt sich eine Härte von etwa H = 280 HV ein.

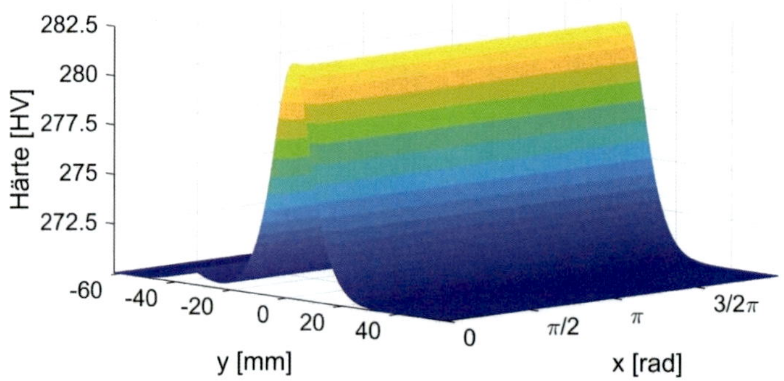

Abb. 5.16: Darstellung der simulierten Härte für die Simulation von etwa 170 km Streckenfahrt mit dem ungewalzten Rad (führender Radsatz, linkes Rad)

Da im Bereich der Hohlkehle und der Spurkranzflanke ebenfalls Berührungen stattgefunden haben, ist hier ebenfalls eine Erhöhung der Oberflächenhärte zu erkennen. Der Umfang der Härtesteigerung kann ebenfalls als nahezu konstant angenommen werden. Die maximale Steigerung der Oberflächenhärte des ungewalzten Rades beträgt $\Delta H_{max} \approx 12$ HV.

Analog werden die simulierten Ergebnisse für das gewalzte Rad mit einer Ausgangshärte H_0 = 310 HV in den folgenden Abbildungen dargestellt. Da beide Räder die gleiche Belastung erfahren haben, sieht das Verschleißbild dem zuvor gezeigten sehr ähnlich, lediglich die Verschleißtiefen unterscheiden sich. Der simulierte Verschleiß wird in **Abb. 5.17** dargestellt. Das gesamte Verschleißvolumen ergibt sich zu $V_{Versch,310HV}$ (170 km) = 760 mm³.

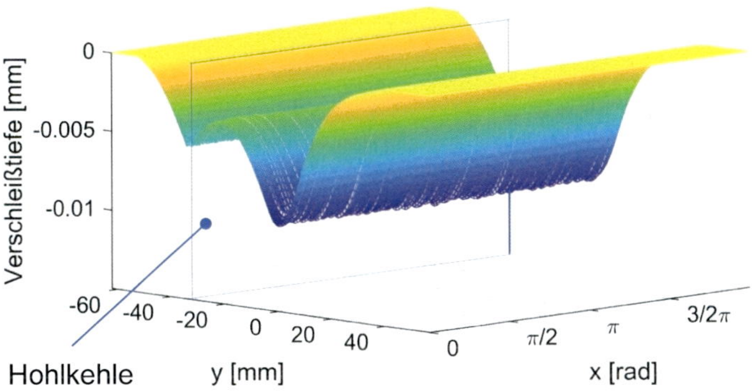

Abb. 5.17: Darstellung des simulierten Verschleißes für die Simulation von etwa 170 km Streckenfahrt mit dem gewalzten Rad (führender Radsatz, linkes Rad)

Aus der Simulation geht hervor, dass das Verschleißvolumen des gewalzten Rades nach einer Strecke von etwa s = 170 km um V_{diff} = 120 mm³ geringer ist. Die sich einstellende Oberflächenhärte ist in **Abb. 5.18** dargestellt.

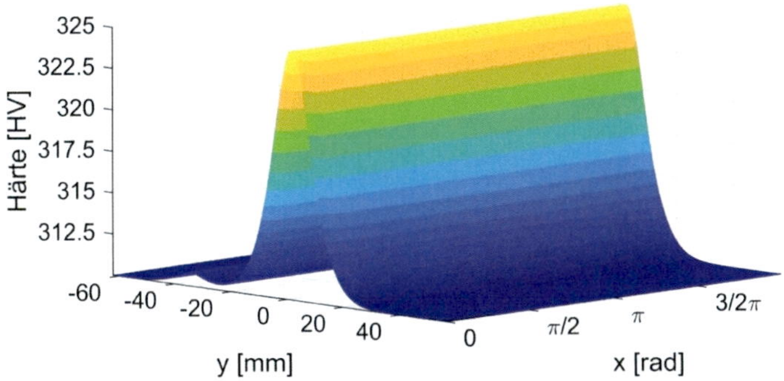

Abb. 5.18: Darstellung der simulierten Härte für die Simulation von etwa 170 km Streckenfahrt mit dem gewalzten Rad (führender Radsatz, linkes Rad)

Hier ist analog zum ungewalzten Rad die größte Zunahme der Härte im Bereich der Lauffläche festzustellen. Die Steigerung beläuft sich auf $\Delta H_{max} \approx$ 15 HV.

5.5 Plausibilisierung der Simulation

Da das HV-Modell den Verschleiß und die Härte für jeden Ort auf dem Umfang des Rades für jeden Zeitschritt berechnet, können auch Auswirkungen von ungleicher Oberflächenhärteverteilungen auf den Materialabtrag theoretisch nachgewiesen werden. Zur Plausibilisierung der Simulation wird die Radoberflächenhärte nicht konstant, sondern sinusförmig über den Umfang angenommen. Die folgende Gl. (5.2) zeigt den Verlauf der Oberflächenhärte in Form einer Sinusfunktion.

$$H(u) = H_0 + H_{Ampl} \cdot sin\left(n \cdot \frac{2\pi}{U_{Rad}} \cdot u\right) \tag{5.2}$$

Resultierend aus dem wellenförmigen Härteverlauf erwartet man analog einen wellenförmigen Materialabtrag an der Radoberfläche. In nachfolgend dargestellter **Abb. 5.19** ist der simulierte Verschleiß nach einer Strecke von s ≈ 415 km. Die Anzahl der Wellen beträgt n = 2 und die Amplitude H_{Ampl} = 10 HV.

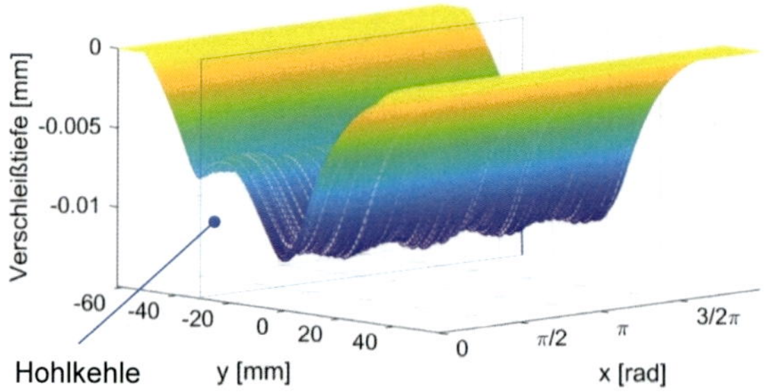

Abb. 5.19: Darstellung des simulierten Verschleißes für die Simulation von etwa 425 km Streckenfahrt mit dem ungewalzten Rad bei sinusförmiger Härteverteilung über dem Radumfang (führender Radsatz, linkes Rad)

Im Verlauf des Verschleißes ist ebenfalls ein sinusförmiger Verlauf zu erkennen. Da dieser Verlauf den Erwartungen entspricht, ist die Simulation plausibel.

5.6 Validierung der Simulation

Zur Validierung der Simulation wurde ein Feldversuch in Zusammenarbeit mit der STUTTGARTER STRAßENBAHNEN AG durchgeführt. Ziel des Versuches war die Überprüfung des HV-Modells hinsichtlich der Härte- und Verschleißentwicklung. Hierfür wurden Fahrversuche mit einem aus zwei Wagen bestehenden Stadtbahnfahrzeug DT 8.10 (Wagen 1: 3377/Wagen 2: 3378) (siehe **Abb. 5.20**, links) durchgeführt. Das Fahrzeug, welches für die Modellbildung herangezogen wurde, entspricht im Wesentlichen dem Fahrzeug aus dem Feldversuch.

Abb. 5.20: links: Stadtbahnfahrzeug DT 8.10 – 3378 auf der Unterflurdrehbank der STUTTGARTER STRAßENBAHNEN AG
rechts: Messdatenerfassung im Unterflurcontainer

Vor dem Beginn der Versuche wurden alle acht Radsätze des Versuchsfahrzeugs reprofiliert. Weiterhin wurden die Radsätze des zweiten Wagens (3378) nach der Drehbearbeitung gewalzt.

Hinweis zum Walzvorgang:

Der Walzvorgang wurde mit demselben Werkzeug durchgeführt, mit dem auch das Rad der Prüfstandversuche gewalzt wurde (vgl. Abb. 4.2). Bei der Unterflurdrehbank hingegen ist ein älteres Modell zum Einsatz gekommen. Dies hatte zur Folge, dass nicht die notwendigen Kräfte auf das Walzwerkzeug aufgebracht werden konnten. Aufgrund der geringeren Pressung beim Walzen wies die Radoberfläche – im Gegensatz zu den Prüfstandversuchen – nur eine geringfügig höhere Oberflächenhärte als das ungewalzte Rad auf (siehe Abb. 5.24).

Zur Erfassung der Betriebszustände wurde das Fahrzeug mit Messtechnik (Abb. 5.20, rechts), welche über dem gesamten Versuchszeitraum im Einsatz war, ausgestattet. Die im Anhang dargestellte **Tab. A.4** gibt Auskunft über die kontinuierlich erfassten Messgrößen. Zusätzlich wurden analog zu den Messungen am Einzelrad-Rollprüfstand das Radprofil und die Radoberflächenhärte in regelmäßigen Abständen erfasst.

Nachfolgende **Abb. 5.21** zeigt exemplarisch die kontinuierlich aufgezeichneten charakteristischen Daten. Dies sind im ersten Teil der Abbildung zum einen die Geschwindigkeit des Fahrzeuges, welche mit einem externen Sensor ermittelt wurde. Zum anderen sind dies die Geschwindigkeiten der Radsätze, welche aus den Signalen der Drehzahlgeber des Fahrzeuges bestimmt wurden. Mit diesen Größen kann auf den Schlupf der Radsätze geschlossen werden. (Da die Räder in diesem Fall kaum Schlupf aufweisen, liegen alle Graphen im Geschwindigkeitsdiagramm übereinander. Dies gilt analog für das Antriebsmoment) Alternativ kann der Schlupf mit Hilfe der Annahme einer Kraftschluss-Schlupf-Funktion berechnet werden. Der zweite Teil der Abbildung zeigt das Antriebsmoment der einzelnen Radsätze. Unter der Annahme gleicher Lastverteilung gibt dieses Auskunft über die im Kontakt vorherrschende Längskraft infolge des Antriebsmomentes der Fahrmotoren. Im dritten Teil sind die Luftfederdrücke (p_T) der acht Luftfedern dargestellt, welche ein Maß für die Radaufstandskraft sind. Alle Größen sind über dem Weg dargestellt. Der letzte Graph zeigt die Längsbeschleunigung des Fahrzeugs.

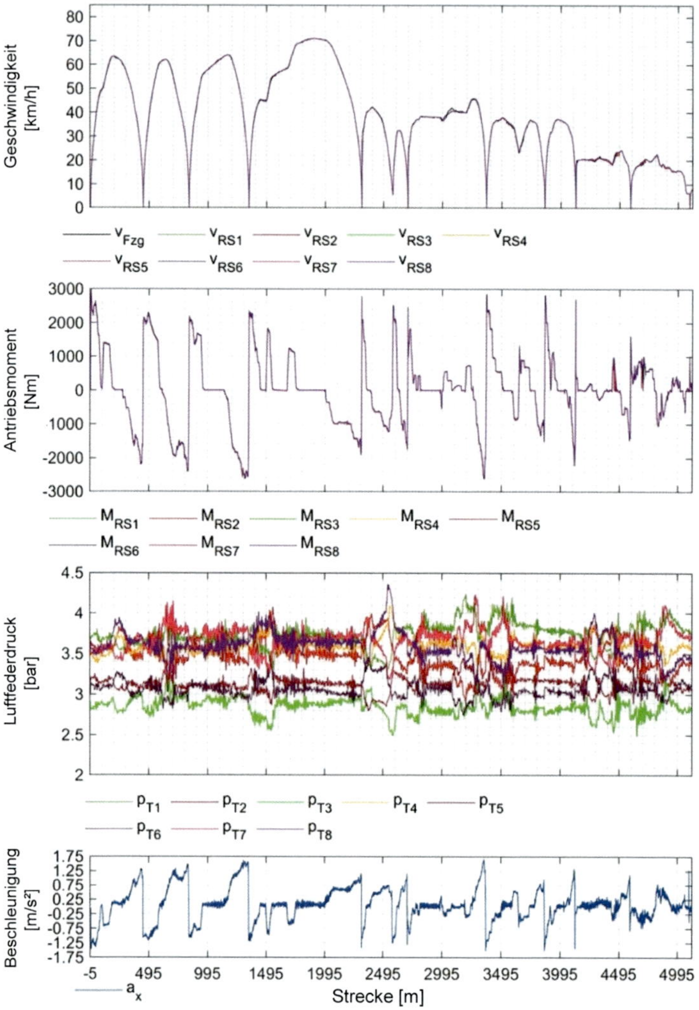

Abb. 5.21: Exemplarische Darstellung der kontinuierlich aufgezeichneten Messdaten

5.6.1 Validierung der Kraftschlusskräfte/Antriebsmomente

Eine wesentliche Einflussgröße des Härte-Verschleißmodells ist die im Rad-Schienenkontakt auftretende Kraftschlusskraft. Da diese nur mit erheblichem, messtechnischem Aufwand ermittelbar ist, wurde das Antriebsmoment als Maß für die Belastung im Kontakt herangezogen werden. Hierfür wurden sowohl das gemessene als auch das simulierte Antriebsmoment klassiert. Aus **Abb. 5.22** wird deutlich, dass sich das Antriebsmoment an der Radsatzwelle über den mittleren Bereich -3500 ≤ M_{Antr} ≤ 2500 Nm bei Messung und Simulation ähnlich verteilt. Lediglich an den Rändern weist die Simulation höhere Anteile auf. Dementsprechend ist der Anteil der kleinsten Bremsmomentklasse gegenüber den gemessenen Momenten reduziert.

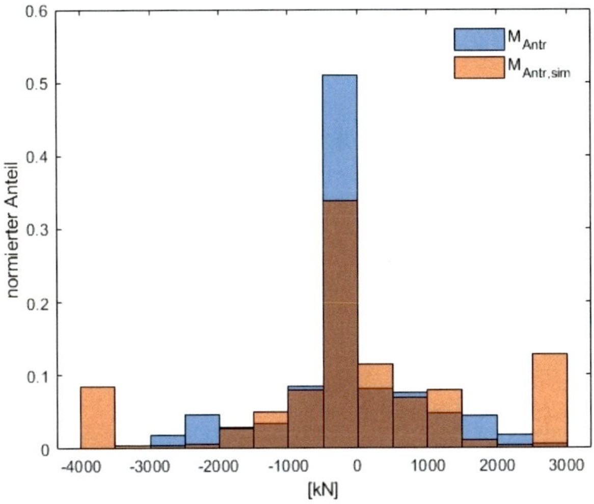

Abb. 5.22: Normierte Klassierung des Antriebsmoments der Simulation und der Messung (Klassenbreite = 500 Nm)

Dies kann auf den Regler zurückgeführt werden, da dieser immer mit maximaler Leistung beschleunigt und verzögert. Des Weiteren bleibt ein möglicher Einfluss der pneumatischen Bremse oder der Magnetschienenbremse im Simulationsmodell unberücksichtigt. Außerdem wurde das mögliche Bremsmoment um etwa eine Klassenbreite zu hoch abgeschätzt.

5.6.2 Validierung des Härteverlaufs

Neben den Kraftschlusskräften stellt die Entwicklung der Radoberflächenhärte eine maßgebliche Einflussgröße des Härte-Verschleißmodells dar. Da es nicht möglich ist diese Größe kontinuierlich zu erfassen, wurde diese in regelmäßigen Abständen bei Stillstand des Fahrzeuges gemessen. Die Messungen wurden analog zu denen während der Prüfstandversuche mit einem Rückprallhärtemessgerät durchgeführt. Hierfür wurde an jedem Rad mindestens eine Messstelle erfasst, wobei an jeder Messstelle mindesten fünf Messungen durchgeführt und gemittelt wurden. Aus betrieblichen Gründen bestand nicht die Möglichkeit über den gesamten Radumfang Messungen durchzuführen. Das Ergebnis der Messungen ist in **Abb. 5.23** dargestellt. Das Diagramm zeigt den wagenweise gemittelten Oberflächenhärtewert in Abhängigkeit der Radumdrehungen.

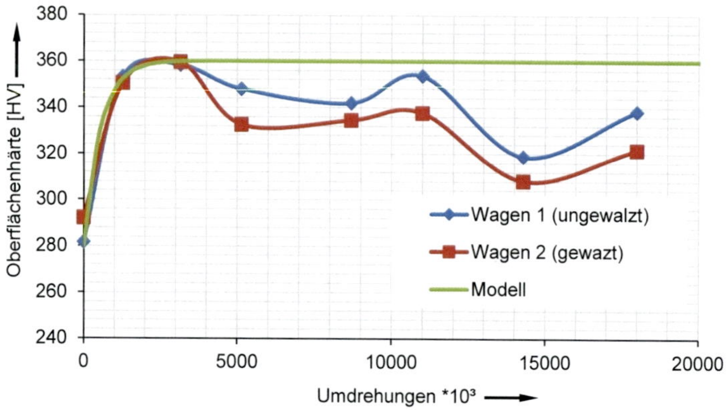

Abb. 5.23: Entwicklung der wagengemittelten Radoberflächenhärte in Abhängigkeit der Umdrehungen des Radsatzes

Hierbei fällt auf, dass die Oberflächenhärte der Räder des ersten Wagens nicht signifikant von denen des zweiten Wagens abweichen. Dies ist auf die geringeren Walzkräfte der verwendeten Unterflurdrehbank gegenüber jener, welche für die Vorbereitung der Räder für die Prüfstandversuche eingesetzt wurde, zurückzuführen. Die Ergebnisse der einzelnen Messpunkte in Abhängigkeit der Laufleistung ist in **Tab. A.5** zusammengefasst.

Ferner wird aus dem grünen Graph aus Abb. 5.23 deutlich, dass die vorgestellte Modellierung der Radoberflächenhärtesteigerung (vgl. (4.12) mit den gemessenen Werten weitestgehend bis zu einer Laufleistung von etwa 3,5 Mio. Umdrehungen übereinstimmt. Bei größeren Laufleistungen nimmt das Gesamtniveau der Oberflächenhärte im Vergleich zum Modell ab.

Im Gegensatz zu der in Kapitel 4.2.6 dargestellten Entwicklung der Radoberflächenhärte in Abhängigkeit der Überrollungen eines Punktes auf der Radoberfläche ist hier die Härtesteigerung in Abhängigkeit der Radumdrehungen gezeigt. Bei den Prüfstandversuchen wurde ein Berührpunkt nach einer Umdrehung wieder überrollt, da das Rad in y-Richtung gegenüber der Schienenscheibe/Schiene unbeweglich ist. Bei der Bewegung des Radsatzes im realen Gleis hingegen findet eine Querbewegung statt, so dass ein Berührpunkt nach einer Umdrehung durchaus in y-Richtung auf dem Rad gegenüber der Berührung vor einer Umdrehung verschoben sein kann. Hieraus resultiert, dass der Nenner des Exponenten der ((4.12) den Wert $k = -550$ annimmt. Daraus folgt eine etwa siebenmal langsamere Härtesteigerung der Radoberfläche im Betrieb als bei den Prüfstandversuchen, d. h. zum Erreichen des Zeitpunktes, an der die Radoberflächenhärte abnimmt (3,5 Mio. Umdrehungen), sind etwa 500.000 Umdrehungen auf dem Prüfstand notwendig. Allerdings wurden die Prüfstandversuche nach etwa 350.000 Umdrehungen beendet.

5.6.3 Validierung der Verschleißmessung

Zur Ermittlung des Verschleißes kam analog zu den Prüfstandversuchen das in Abb. 4.7 (rechts) dargestellte Radprofilmessgerät der Firma MINIPROF zum Einsatz. Die Messung der Radoberflächenhärte und des Radprofils fanden immer zum gleichen Zeitpunkt statt. Das Profil wurde an allen Rädern des Fahrzeuges jeweils an einer Stelle erfasst. Je Messstelle wurden mindestens drei Messungen durchgeführt und das Ergebnis im Anschluss gemittelt. Die Ergebnisse aller Messungen sind in nachfolgender **Abb. 5.24** dargestellt.

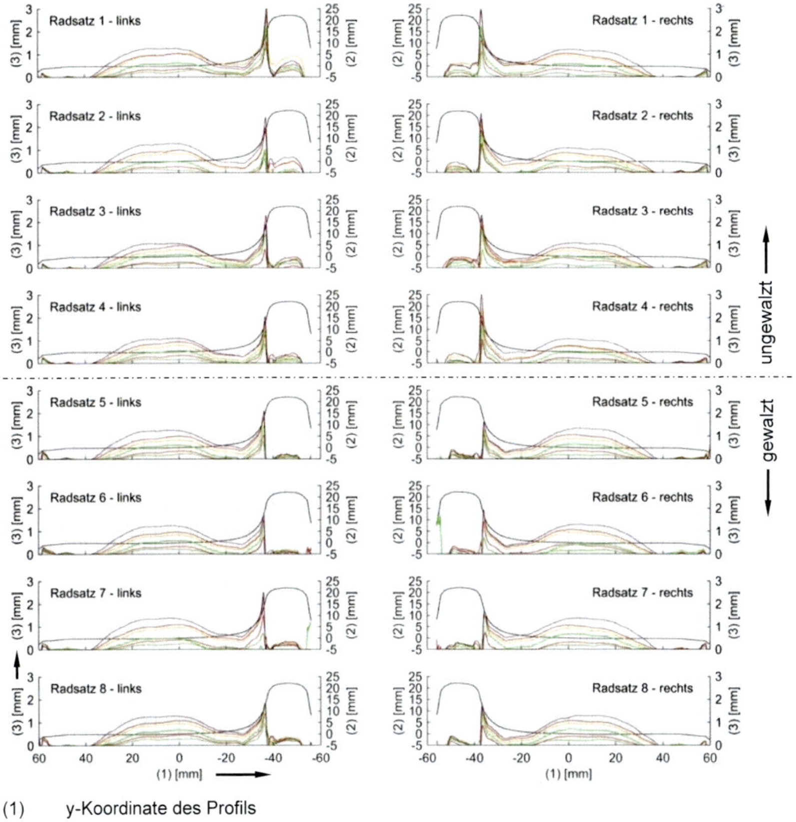

(1) y-Koordinate des Profils
(2) z-Koordinate des Profils
(3) Verschleißtiefe

Abb. 5.24: Entwicklung des Radverschleißes in Abhängigkeit der Laufleistung

Der Zustand des Radprofils vor der Durchführung der Versuche wurde für das jeweilige Rad durch die schwarze Linie beschrieben. Für alle Räder lassen sich drei signifikante Verschleißbereiche feststellen. Dies sind die Bereiche der Lauffläche, der Spurkranzflanke und der Spurkranzkuppe. Der Verschleiß im Bereich der Spurkranzkuppe ist typisch für Fahrzeuge, welche Flachrillenschienen befahren. Diese straßen- und stadtbahntypische Schienenform wurde in der vorliegenden MKS-Simulation nicht berücksichtigt, so dass der Verschleiß im Bereich der Spurkranzkuppe nicht simuliert wurde. Zur Ermittlung des Verschleißes wird die Differenz zwischen der ersten und der jeweiligen für die Laufleistung bestimmten Messung gebildet und anschließend das Verschleißvolumen gemäß (4.10 berechnet.

Der Mittelwert des Verschleißes im Bereich der Lauffläche und der Spurkranzflanke aller Räder je Wagen in Abhängigkeit der zurückgelegten Strecke ist in **Abb. 5.25** dargestellt. Die Räder beider Wagen weisen ein vergleichbares Verschleißniveau auf, wobei der Verschleiß der gewalzten Räder geringfügig höher ist als jener der ungewalzten. Ob dies auf die ähnlichen Ausgangshärten H_0 der Räder zurückzuführen ist, oder andere Gründe hat, lässt sich mit den vorliegenden Ergebnissen nicht klären.

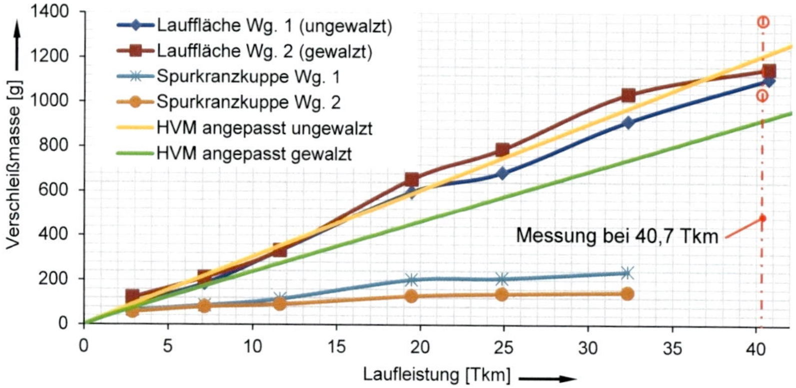

Abb. 5.25: Entwicklung des wagengemittelten Radverschleißes im Bereich der Lauffläche und der Spurkranzflanke in Abhängigkeit der Laufleistung

Die Ergebnisse der Simulation werden durch den gelben (ungewalzt), bzw. grünen (gewalzt) Graph beschrieben. Es zeigt sich, dass die Simulationsergebnisse in der gleichen Größenordnung, wie die Versuchsergebnisse liegen. Jedoch ist das Gesamtniveau des simulierten Verschleißes etwas zu hoch. Dies kann auf hohen Antriebsmomente der Mehrkörpersimulation (vgl. Abb. 5.22) zurückgeführt werden. Für die letzte durchgeführte Messung, bei einer Laufleistung von etwa 40.700 km wird eine Differenz der Verschleißmasse von etwa 330 g je Rad berechnet.

Der Verschleiß der Spurkranzkuppe wurde durch das Härte-Verschleißmodell nicht berücksichtigt. Der während des Betriebs entstandene Verschleiß ist in Abb. 5.25 dargestellt. Aus dieser Darstellung wird deutlich, dass der Verschleiß der Spurkranzkuppen der gewalzten Räder geringer als der der ungewalzten Räder ist. Hier ist es nicht möglich auf Grundlage der Oberflächenhärtemessung einen Zusammenhang mit dem Verschleiß herzustellen. Bedingt durch die im Vergleich zur Lauffläche geringen Radien der Spurkranzkuppe war hier keine Messung der Oberflächenhärte möglich.

Dementsprechend kann auch keine Aussage über das Ergebnis des Walzens in diesem Bereich getroffen werden. Unter Berücksichtigung der Geometrie von Spurkranzkuppe und Walzwerkzeug kann allerdings von einer höheren Pressung während der Bearbeitung und folglich einer Steigerung der Härte ausgegangen werden.

Abschließend wird festgehalten, dass die Simulation auf Grund des Walzvorgangs (siehe Hinweis auf S. 107) nur für das ungewalzte Rad validiert werden kann. Weiterhin zeigen die Versuchsergebnisse, dass der Verschleiß der gewalzten Räder höher ist als der der ungewalzten.

5.7 Diskussion der Simulationsergebnisse

Die Simulation ermittelt auf Grundlage des Härte-Verschleißmodells (HVM) sowohl die Härte als auch den Verschleiß an allen Stellen der Mantelfläche des Rades. Weiterhin finden die Fahrzeugeigenschaften (in Form eines Mehrkörpersimulationsmodells), die befahrene Strecke und ein Fahrspiel (in Form des Reglers) Berücksichtigung. Das Befahren von Rillenschienen wird nicht berücksichtigt, so dass kein Verschleiß an den Spurkranzkuppen ermittelt wird.

5.7.1 Modellanpassung

Der Vergleich der Simulationsergebnisse (des ungewalzten Rades, siehe Hinweis zum Walzvorgang Kap. 5.6) mit den im Feldversuch ermittelten Größen zeigt qualitativ eine gute Übereinstimmung. Nachfolgend werden die Parameter des Härte-Verschleißmodells an die Ergebnisse der Feldversuche angepasst.

5.7.1.1 Härte

Unter Berücksichtigung der in Abb. 5.23 dargestellten langsameren Steigerung der Härte, folgen die in **Tab. 5.3** angegebenen angepassten Ausgangsparameter für die Härteentwicklung des HVM. Des Weiteren wurde die Ausgangshärte des ungewalzten Rades auf das Ausgangsniveau der Feldversuche ($H_0 = 290$ HV) angepasst.

Tab. 5.3: Ausgangsparameter der Härteentwicklung

		ungewalzt	gewalzt
H_0	Ausgangshärte	290 HV	310 HV
H_{max}	maximale Härte	330 HV	400 HV
k	Anpassungsnenner des Exp	-550	-1060

Die Entwicklung der Radoberflächenhärte mit den angepassten Parametern im Vergleich zu den im Feldversuch gemessenen Werten in Abhängigkeit der Radumdrehungen ist in **Abb. 5.26** dargestellt.

Im Gegensatz zum Modell, liegen die gemessenen Werte im Bereich der Anfangssteigung bis zum Erreichen des Maximums höher als jene, welche durch den Prüfstandversuch ermittelt wurden. Allerdings sinkt der Wert nach dem Maximum wieder und pendelt sich um den modellwert ein.

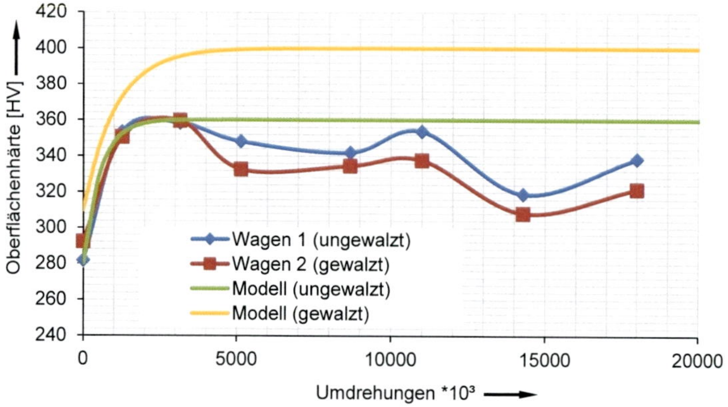

Abb. 5.26: Entwicklung der wagengemittelten Radoberflächenhärte in Abhängigkeit der Umdrehungen des Radsatzes

5.7.1.2 Verschleiß

Die Parametrierung des Härte-Verschleißmodells mittels Prüfstandversuchen zeigt, dass sich der Verschleiß des Rades durch Steigerung der Oberflächenhärte reduzieren lässt. Die Verschleißkoeffizienten $k(v_{rel}, p)$ der Gleitweghypothese ((4.13) sind für das gewalzte Rad etwa 20 % geringer als für das ungewalzte Rad. Bei gleicher Belastung von gewalztem und ungewalzten Rad führt die höhere Ausgangshärte, welche im Divisor in die Gleitweghypothese eingeht, zu geringerem Verschleiß. Diese führt zu der in dargestellten **Abb. 5.27** theoretischen Verschleißreduktion.

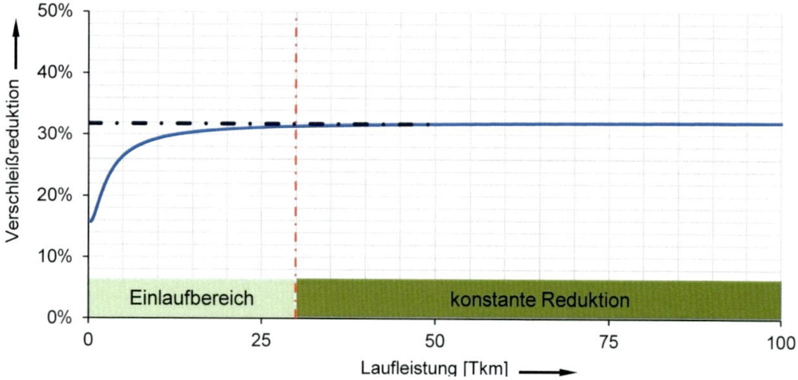

Abb. 5.27:Relative theoretische Verschleißreduktion bezogen auf das ungewalzte Rad

Zur Ermittlung dieser Funktion wurde der simulierte Verschleiß des gewalzten Rades auf den simulierten Verschleiß des ungewalzten Rades bezogen (vgl. Abb. 5.25). Im Bereich bis etwa 27 Tkm ist ein Einlaufverhalten zu erkennen. Darüber hinaus bleibt die Reduktion nahezu konstant.

Aus Abb. 5.25 wird ersichtlich, dass Verschleißvolumen durch die Simulation zu hoch berechnet wird. Eine Reduktion der am Prüfstand ermittelten Verschleißkoeffizienten (**Abb. 5.28** und **Abb. 5.29**) um 10 % führt zu den in **Abb. 5.30** dargestellten angepassten Ergebnissen. Bei dieser Darstellung wird davon ausgegangen, dass die Räder analog zu den ungewalzten Rädern des Prüfstandversuchs verhalten.

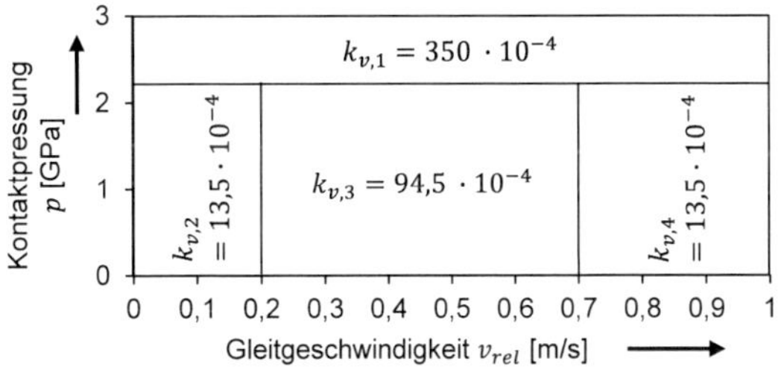

Abb. 5.28: Angepasste Verschleißkoeffizienten in Anlehnung [Enb06] für das gewalzte Rad

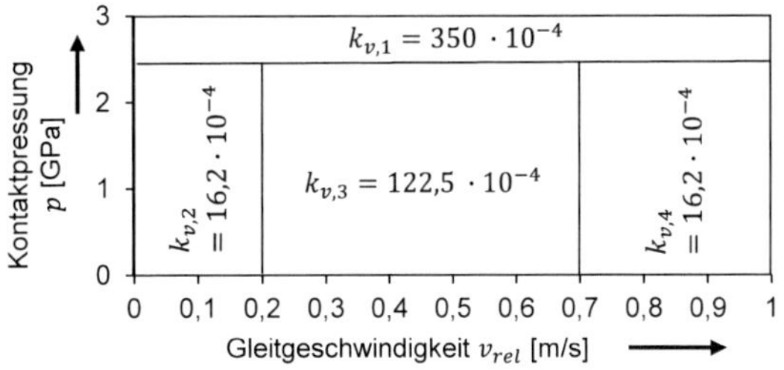

Abb. 5.29: Angepasste Verschleißkoeffizienten in Anlehnung [Enb06] für das ungewalzte Rad

Die absolut berechneten mittleren Verschleißmassen je Rad sind in nachfolgender Abb. 5.30 dargestellt. Setz man nun eine hypothetische Verschleißgrenze des ungewalzten Rades bei 100 Tkm, so kann die Laufleistung mit dem gewalzten Rad um etwa 32 Tkm bis zum Erreichen des gleichen Verschleißvolumens erhöht werden.

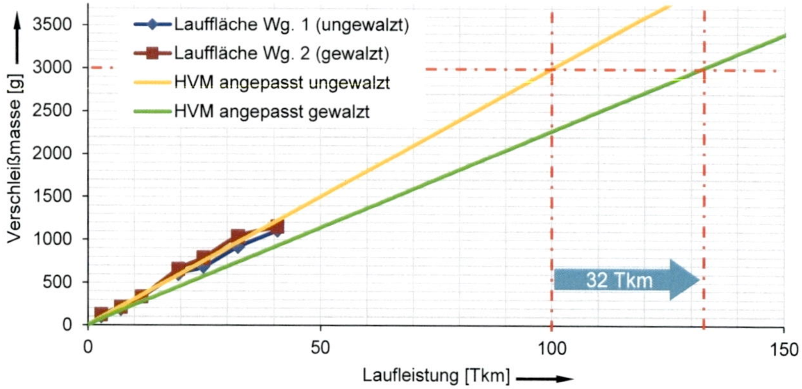

Abb. 5.30:Angepasste Simulationsergebnisse bis 150 Tkm Laufleistung

5.7.2 Fazit

Der gemessene Verlauf der Radoberflächenhärte unterscheidet sich von den während der Prüfstandversuche ermittelten Härteverläufen insofern, als dass dieser über die maximal angenommene Härte im Bereich der ersten Steigung überschwingt (siehe Abb. 5.26). Des Weiteren weist der im Feld gemessene Härteverlauf eine geringere Steigung auf. Dies kann möglicherweise auf eine größere Variation der Berührpunkte auf dem Rad in y- bzw. Querrichtung zurückgeführt werden. Um diesem Zustand Rechnung zu tragen kann die Simulation durch dementsprechende größere Variation der Spurweite angepasst werden.

Bei der Berechnung des Verschleißes wurden die zugrunde liegenden Verschleißkoeffizienten für das ungewalzte Rad durch die Prüfstandversuche zu hoch bestimmt. Hier konnte das Simulationsergebnis durch Reduktion der Koeffizienten (Abb. 5.28 und Abb. 5.29) um 10 % an die im Feld gewonnen Werte angepasst werden.

Die prozentuale Abweichung der ursprünglichen Simulation und der angepassten Simulation in Bezug auf die im Feld ermittelten Werte des Verschleißes sind in **Abb. 5.31** dargestellt. Bei beiden Varianten sind größere Abweichungen bei geringeren Laufleistungen zu verzeichnen. Dies ist auf die Unschärfe der Härteentwicklung in diesem Laufleistungsbereichs zurückzuführen.

Ohne Anpassung der Simulation an die gemessenen Werte weist die Verschleißsimulation des ungewalzten Rades im Mittel von 11 % auf. Durch die Anpassung konnte die Abweichung auf einen Mittelwert von 1 % reduziert werden. Hier gilt es zu entscheiden, ob eine Abweichung der Verschleißsimulation von 11 % im Vergleich zum Aufwand von Messungen im Feld akzeptabel ist.

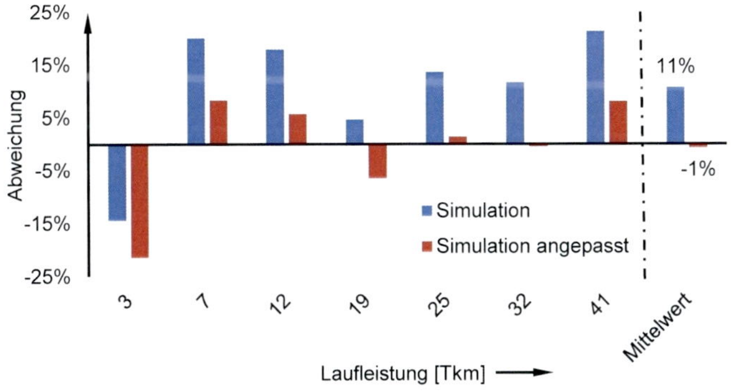

Abb. 5.31:Abweichung des (simulierten) Verschleiß bezogen auf die Messwerte

Sowohl die Ergebnisse der Simulation als auch die Ergebnisse der angepassten Simulation weisen theoretisch nach, dass eine Reduktion des Radverschleißes durch das Walzen der Radlauffläche möglich ist. Bedingt durch die geringe Härtesteigerung durch das Walzen im Feldversuch konnte das Härte-Verschleißmodell für das gewalzte Rad nicht hinreichend validiert werden. Im Kontext der durchgeführten Prüfstandversuche kann eine Verschleißreduktion vermutet werden. Die Abb. 5.27 und Abb. 5.30 zeigen eine Minimierung des Verschleißes bzw. mögliche Erhöhung der Laufleistung von etwa 30 %. Hier sollte ein erneuter Praxisversuch mit dem Einsatz einer entsprechen qualifizierten Unterflurdrehbank zeigen können, ob das Verfahren wirtschaftlich genutzt werden kann.

6 Zusammenfassung

Zur Klärung der Frage, ob sich das Verfahren des Walzens positiv auf den Verschleiß von Schienenfahrzeugrädern auswirkt, wurden die nachfolgend beschriebene Schritte durchgeführt:

- Recherche zum Stand der Technik – Der Stand der Technik wird anhand des tribologischen Kontaktes aufgearbeitet. Hierbei wird die Struktur von Grund- und Gegenkörper mit Fokus auf der Materialhärte, sowie das Beanspruchungskollektiv betrachtet. Weiterhin werden Verschleißgesetzte basierend auf der Gleitweg- und Reibenergiehypothese auf Eignung zur Bildung eines Verschleißmodells untersucht. Da im Fall der Gleitweghypothese die Härte der Kontaktpartner als Eingangsparameter einfließt, wird diese für die Modellbildung ausgewählt.

- Modellbildung – Die Ausgangs- bzw. Ergebnisgrößen des Härte-Verschleißmodells (HV-Modell) sind die Änderung der (Oberflächen-) Härte des Rades sowie die Entwicklung des Verschleißes in Form der Radprofiländerung. Hierbei dienen die Ausgangshärte, das Ausgangsprofil sowie die Belastungen des Rades als Eingangsgrößen. Die Parametrierung des Modells erfolgt mittels Prüfstandversuchen an einem Zwei-Scheibenprüfstand im Maßstab 1:1. Es werden Versuche mit einem ungewalzten und einem gewalzten Schienenfahrzeugrad durchgeführt. Es ist festzuhalten, dass bei den Versuchen zum einen keine sicherheitsrelevanten Schäden am Rad auftreten und zum anderen sich beim gewalzten Rad ein geringerer Verschleiß einstellt, bzw. geringere Verschleißkoeffizienten als beim ungewalzten Rad ermittelt werden.

- Simulation – Die Simulation dient der Quantifizierung des in der Realität zu erwartenden Verschleißes von gewalzten und ungewalzten Rädern. Aus diesem Grund wird der Betrieb eines Stadtbahnfahrzeuges mit einem Mehrkörpersimulationsprogramm nachgestellt. Des Weiteren werden originale Trassierungsdaten und das Verhalten des Triebfahrzeugführers in Form eines Reglers berücksichtigt.

- Validierung der Simulation– Zur Validierung der Simulation werden Feldmessungen an dem in der Simulation verwendeten Fahrzeug und Streckennetz durchgeführt. Für diesen Zweck werden alle Radsätze des Fahrzeuges reprofiliert und die Hälfte der Radsätze gewalzt. Beim Walzen konnte - im Gegensatz zu dem die den Prüfstandversuchen eingesetzten Rad - keine signifikante Steigerung der Radoberflächenhärte erzielt werden. Des Weiteren werden die Fahrzeug- und Radgeschwindigkeiten (Rückschluss auf den Gleitweg) sowie der Druck der Luftfedern (Rückschluss auf die Normalkraft) kontinuierlich aufgezeichnet. Des Weiteren wurden das Radprofil und die Radoberflächenhärte analog zu den Prüfstandversuchen gemessen.

Die Ergebnisse der Simulation zeigen, dass sich beim gewalzten Rad ein geringerer Verschleiß als beim ungewalzten Rad einstellt. Die Validierung des Modells konnte lediglich für das ungewalzte Rad mittels Feldmessung durchgeführt werden. Aus der Validierung geht hervor, dass Modell und Realität gut miteinander übereinstimmen.

Nachfolgende **Tab. 6.1** zeigt die Ergebnisse der Simulation mit dem gewalzten und dem ungewalzten Rad. Es kann gezeigt werden, dass durch das Walzen des Rades der Verschleiß um etwa 30 % reduziert, bzw. die Laufleistung um diese Maß gesteigert werden kann.

Tab. 6.1: Zusammenfassung der Simulationsergebnisse

			Verschleißmasse		
Ausgangszustand	Ausgangshärte H_0	H_{max}	50 Tkm	100 Tkm	150 Tkm
ungewalzt	270 HV	310 HV	1500 g	2996 g	4492 g
gewalzt	310 HV	400 HV	1141 g	2271 g	3400 g

Des Weiteren kann durch die Validierung die Ungenauigkeit der Simulation abgeschätzt werden. Es zeigt sich, dass im Mittel ein Fehler von 10 % bezogen auf die im Feldversuch ermittelten Verschleißmassen vorliegt. Unter der Voraussetzung der Akzeptanz dieser Güte kann mit der Simulation der absolute Verschleiß vergleichbarer Stadtbahnsysteme bestimmt werden. Der relative Vergleich von gewalztem und ungewalzten Rad ist hiervon unbetroffen und beruht auf den Annahmen der Prüfstandversuche.

Als zusätzliches Ergebnis neben der Beantwortung der Frage, inwieweit sich das Walzen auf den Verschleiß der Räder auswirkt, liefern die Prüfstandversuche Indikationen für die effektive Dosierung von Streumitteln zur Erhöhung des Kraftschlussbeiwertes. Hier werden die besten Ergebnisse mit dem üblicherweise eingesetzten Quarzsand als Streumittel bei einer wegbezogenen Austragsrate von 3 g/m erzielt. Messungen mit Aluminiumoxid als Streumittel zeigen, dass eine wegbezogene Austragsrate von 0,25 g/m zu ähnlichen Ergebnissen führt.

Weiterhin kann die Möglichkeit der Konditionierung des Kontaktes beim Bremsen durch Energieeintrag, wie sie im ORE-Bericht B164 [ORE90] und bei VIERECK [Vie08] beschrieben wird, bestätigt werden. Die Ergebnisse der Versuche mit glattem Rad und glatter Schiene decken sich hingegen nicht mit den Erfahrungen aus der Praxis. Hier werden beim Einsatz von Seifenlauge zur Simulation widriger Kontaktbedingungen nicht beim rauen Rad, sondern beim glatten Rad die geringsten Anhaltewegverlängerungen im Vergleich zum trockenen Kontakt erreicht.

Aufgrund der vorliegenden Ergebnisse sollten die Simulationsergebnisse für das gewalzte Rad erneut durch Fahrversuche im realen Netz validiert werden. Bei positivem Ausgang ist eine Wirtschaftlichkeitsbetrachtung des Walzens in Betracht zu ziehen. Hier gilt es zu prüfen, ob die Einsparungen infolge des geringeren Verschleißes die Mehraufwendungen des Walzens rechtfertigen. Dabei kann der eigentliche Walzprozess beispielsweise durch einen automatischen Werkzeugwechsel auf der Unterflurdrehbank weiter optimiert werden. Zusätzlich sollte untersucht werden, ob härtere Räder sich negativ auf die Infrastruktur auswirken und die fahrzeugseitigen Einsparungen solche Effekte aufwiegen.

Literaturverzeichnis

[Arc53] ARCHARD, J. F.: Contact and Rubbing of Flat Surfaces, Journal of Applied Physics, Vol. 24, (1953), Number 8

[Arc58] ARCHARD, J. F.: The temperature of rubbing surfaces, Wear 2, (1958), S. 438ff

[Bae13] BAEHR, H. D.;Stephan, K.: Wärme- und Stoffübertragung, 8.Auflage; (2013); Springer Vieweg Verlag, Berlin Heidelberg

[Bar10] BARTEL, D.: Simulation von Tribosystemen, (2010), Vieweg + Teubner | GWV Fachverlage GmbH, Wiesbaden

[Blo37] BLOK, H.: Theoretical study of temperature rise at surfaces of actual contact under oiliness lubricating conditions, in Proc. Gen. Discussion on Lubrication and Lubricants, (1937)

[Car26] CARTER, F.W.: On the action of a locomotive driving wheel, Proc. R. Soc. London., A 112, (1926), S. 151 – 157

[Car59] CARSLAW, H. S.; JAEGER, J. C.: Conduction of Heat IN SOLIDS, 2. Edition, (1959), Oxford University Press, London.

[Che98] CHEN, H.; YOSHIMURA, A.; OHYAMA, T.: Numerical analysis for the influence of water film on adhesion between rail and wheel, Proceedings of the Institution of Mechanical Engineers, Vol. 212, (1998), Part J, S 359 – 368

[Czi10] CZICHOS, H.; HABIG, K.-H.: Tribologie-Handbuch, 3. Auflage, (2010), Vieweg + Teubner Verlag | Springer Fachmedien Wiesbaden GmbH

[DIN03a] DIN 8580: Fertigungsverfahren – Begriffe, Einteilung, (2003), September, Beuth Verlag GmbH, Berlin

[DIN03b] DIN 8583-
2: Fertigungsverfahren Druckumformen – Teil 2: Walzen – Einordnung, Unterteilung, Begriffe, (2003), September, Beuth Verlag GmbH, Berlin

[DIN06] DIN EN 13715: Bahnanwendungen - Radsätze und Drehgestelle - Räder Radprofile, (2006), Mai, Beuth Verlag GmbH, Berlin

[DIN10a] DIN EN ISO 4287: Geometrische Produktspezifikation (GPS) – Oberflächenbeschaffenheit: Tastschnittverfahren - Benennungen, Definitionen und Kenngrößen der Oberflächenbeschaffenheit (2010), Juli, Beuth Verlag GmbH, Berlin

[DIN10b] DIN EN 15771: Emails und Emailierungen - Bestimmung der Ritzhärte nach Mohs, (2010), Juli, Beuth Verlag GmbH, Berlin

[DIN11a] DIN EN 13674-1: Bahnanwendungen – Oberbau – Schienen – Teil 1: Vignolschienen ab 46 kg/m, (2011), April, Beuth Verlag GmbH, Berlin

[DIN11b] DIN EN 13262: Bahnanwendungen - Radsätze und Drehgestelle – Räder – Produktanforderungen, (2011), Juni, Beuth Verlag GmbH, Berlin

[DIN12] DIN EN ISO 25178: Geometrische Produktspezifikation (GPS) – Oberflächenbeschaffenheit: Flächenhaft - Teil 2: Oberflächen-Kenngrößen, (2012), April, Beuth Verlag GmbH, Berlin

[DIN14] DIN EN ISO 18265: Metallische Werkstoffe - Umwertung von Härtewerten, (2014), Februar, Beuth Verlag GmbH, Berlin

[DIN15a] DIN EN ISO 6506-1: Metallische Werkstoffe - Härteprüfung nach Brinell – Teil 1: Prüfverfahren, (2015), Februar, Beuth Verlag GmbH., Berlin

[DIN15b] DIN EN ISO 16859-1: Metallische Werkstoffe - Härteprüfung nach Leeb – Teil 1: Prüfverfahren, (2015), Februar, Beuth Verlag GmbH., Berlin

[DIN15c] DIN 50159-1: Metallische Werkstoffe - Härteprüfung nach dem UCI Verfahren – Teil 1: Prüfverfahren, (2015), Januar, Beuth Verlag GmbH., Berlin

[DIN16] DIN EN ISO 6508-1: Metallische Werkstoffe - Härteprüfung nach Rockwell – Teil 1: Prüfverfahren, (2016), Dezember, Beuth Verlag GmbH., Berlin

[DIN17a] DIN EN 13715: Bahnanwendungen - Radsätze und Drehgestelle - Räder – Radprofile, (2017), Juli, Beuth Verlag GmbH., Berlin

[DIN17b] DIN EN 13674-1: Bahnanwendungen - Oberbau-Schienen Teil 1: Vignolschienen ab 46kg/m, (2017), Juli, Beuth Verlag GmbH., Berlin

[DIN18] DIN EN ISO 6507-1: Prüfung metallischer Werkstoffe - Härteprüfung nach Vickers – Teil 1: Prüfverfahren, (2018), Juli, Beuth Verlag GmbH., Berlin

[DIN79] DIN 50320:1979-12-01: Verschleiß; Begriffe, Systemanalyse von Verschleißvorgängen, Gliederung des Verschleißgebietes, Kap. 2.1 (1979), Dezember, Beuth Verlag GmbH, Berlin

[DIN82] DIN 4760: Gestaltabweichungen - Begriffe-Ordnungssystem, (1982), Januar, Beuth Verlag GmbH, Berlin

[Doe16] DÖRNER, F.: Methode zur Verifizierung und Validierung von Finite-Elemente-Berechnungen des Rad-Schiene-Normalkontakts, KIMA Schriftenreihe Band 15, Dissertation Fachbereich Maschinenbau und Verfahrenstechnik, TU Kaiserslautern, (2016)

[Dre16] DREISEIDLER, S.: Modellierung des Rad-Schiene Kontakts auf Grundlage der exakten Theorie von Kalker; IFS- Masterarbeit; (2016), unveröffentlicht

[EBA04] Anhang I zu den Regelungen für die bremstechnische Beurteilung von Schienenfahrzeugen im Rahmen der Abnahme nach §32 EBO, Rev.15.1, 08.06.2004, https://www.eba.bund.de/DE/Themen/Fahrzeuge/Fahrzeugtechnik/Bremsen/bremsen_node.html

[EBA16] Ergänzungsregelung Nr. B 011 zum „Sanden", Rev. 1.0, (2016), Februar, LK Fahrzeuge, „https://www.eba.bund.de/DE/Themen/Fahrzeuge/Fahrzeugtechnik/Bremsen/bremsen_node.html"

[Enb06] ENBLOM, R.: On Simulation of Úniform Wear and Profile Evolution in the Wheel-Rail Contact, (2006), Doctoral Thesis, Rail Vehicles, KTH, TRITA AVE, Stockholm

[ERA18] ERA/ERTMS/033281, Interfaces between Control-Command and Signalling Trackside and other Subsystems, Version 4.0, 20.09.2018

[Ert03] ERTZ, M.: Temperatur, Materialbeanspruchung und Kraftschluss im Rad-Schiene-Kontakt, (2003), VDI Verlag, Düsseldorf

[Hab80] HABIG, K.-H.: Verschleiß und Härte von Werkstoffen, (1980), Carl Hanser Verlag, München Wien

[Hae96] HÄSE, P.; MENTH, S.: Kraftschluss bei Triebfahrzeugen – Modellbildung und Verifikation von Messdaten;(1994), Elektrische Bahnen 94

[Her81] HERTZ, H.: Über die Berührung fester elastischer Körper, Journal für die reine und angewandte Mathematik 92, (1881); S 156 – 171

[Hes83] Hesse, W.: Verschleißverhalten des Laufrad-Schiene-Systems förder-technischer Anlagen; Dissertation, Fakultät Maschinenbau, Ruhr-Universität Bochum, (1983)

[Hol46] HOLM, R.: Electrical Contacts, (1946), Almquist & Wisells, Uppsala

[IFS16] Piffka, S.; Kölker, M.: IFS-Bericht 04/2016, unveröffentlicht

[Kal73] KALKER, J.J.: On the rolling contact oft two elastic bodies in the presence of dry friction, (1973), Department of Mechanical Engineering Delft University of Technology, Delft

[Kal82] KALKER, J.J.: A Fast Algorithm for the Simplified Theory of Rolling Contact, Vehicle System Dynamics 11, (1982), S. 1-13

[Kal90] KALKER, J.J.: Three-Dimensional Elastic Bodies in Rolling Contact, (1990), Springer-Science+Business Media, B.V., Dordrecht

[Klo06] Klocke, F.; König, W.: Fertigungsverfahren 4 Umformen, 5. Auflage, (2006), Springer-Verlag, Heidelberg Berlin

[Kno03] KNOTHE, K.; STICHEL, S.: Schienenfahrzeugdynamik, (2003), Springer-Verlag, Berlin Heidelberg

[Köl18] Kölker, M.; Dellmann, T.; Schindler, C.: Tribologische Untersuchung des Rad-Schienekontaktes hinsichtlich der Änderung der Radhärte und deren Auswirkung auf den Verschleiß. In: 16. Internationale Schienenfahrzeugtagung Rad Schiene - Tagungsband 2018. DVV Media Verlag, Hamburg. S. 193-195

[Köl20] Rudi, A.; Maldaner, J.; Muhr, H.; Schneider, P.; Kölker, M.; Schindler, C.: Fest- und Glattwalzen der Radlaufflächen von Schienenfahrzeugen. In: 17. Internationale Schienenfahrzeugtagung Dresden – Tagungsband 2020. DVV Media Verlag, Hamburg. S. 198-200, ISBN 978-3-87154-657-0

[Kom01] KOMVOPOULOS, K., YE, N.: Three-Dimensional Contact Analysis of Elastic-Plastic Layered Media With Fractal Surface Topographies, Journal of Tribology, Vol.123, (2001), Juli, S.632 – 640

[Kra86] KRAUSE, H.; POLL, G.: Wear of wheel-rail surfaces, Wear 113, (1986), S. 103 – 122

[Kur08] KURZECK, B., Methoden zur Minderung mittelfrequenter Schwingungen bei Bogenfahrt im Schienennahverkehr, (2008), Dissertation, Fakultät V - Verkehrs- und Maschinensysteme, TU Berlin, Shaker Verlag, Aachen

[Lew04] LEWIS, R.; OLOFFSON, U.: Mapping rail wear regimes and transitions, Wear 257, (2004), S. 721 - 729

[Lan88] LANGE, K.: Umformtechnik Handbuch für Industrie und Wissenschaft Band 2: Massivumformen, 2. Auflage, (1988), Springer-Verlag Berlin Heidelberg

[Lov29] LOVE, A. E. H.: The stress produced in a semi-infinite solid by pressure on part of the boundary; Philosophical Transaction Royal Society A 228, (1929), S: 377-420

[Mae15] MÄDLER, K; HEYDER, R.: Weiches Rad und harte Schiene oder umgekehrt? Zum Einfluss des Werkstoffes von Rad und Schiene auf den Verschleiß am Kontakt-Partner, (2015), Tagungsband 14. Internationale Schienenfahrzeugtagung Graz, S. 29 – 31

[Mey99] MEYWERK, M.: Polygonization of railway wheels; Archive of Applied Mechanics 69; (1999)

[Mun12] MUNZ, C.-D.; WESTERMANN, T.: Numerische Behandlung gewöhnlicher Differentialgleichungen, 3. Auflage, (2012) Springer Vieweg, Berlin Heidelberg

[Oer11] OERTEL JR., H.; BÖHLE, MARTIN; REVIOL, THOMAS: Stömungsmechanik – Grundlagen – Grundgleichungen, 6. Auflage, (2011), Vieweg + Teubner Verlag | Springer Fachmedien Wiesbaden GmbH

[ORE89] ORE-Bericht Frage B 176 Drehgestelle mit radial einstellbaren Radsätzen, Bericht Nr.1: Vorstudien und Lastenhefte, Band 2: Lastenheft für ein Drehgestell mit verbesserten Eigenschaften bei Fahrt im Bogen, (1989), September, Forschungs- und Versuchsamt des internationalen Eisenbahnverbands, Utrecht

[ORE90] ORE: FRAGE B 164 RP2; Haftreibung beim Bremsen und Gleitschutzeinrichtungen; (1990); April; Forschungs- und Versuchsamt des internationalen Eisenbahnverbands, Utrecht

[Pol05] POLACH, O.: Creep forces in simulations of traction vehicles running on adhesion limit, Wear 258, (2000), S. 992 – 1000

[Rab65] Rabinowicz, E.: Friction and Wear of Materials, (1965), Wiley, New York

[Som10] SOMMER, K.; HEINZ, R.; SCHÖFER, J.: Verschleiß metallischer Werkstoffe, 1. Auflage, (2010), Vieweg + Teubner Verlag | Springer Fachmedien Wiesbaden GmbH

[Sto75] STOEFERLE, T.; THEIMERT, P. H.: Continuous Hardness testing, (1975), CIRB Annals, Vol. 24, S. 355 - 360

[Tab70] TABOR, D.: The hardness of solids, Review of Physics in Technology, (1970), Vol. 1, Number 3, S. 145 – 179

[Tom09] TOMBERGER, C.: Der Rad-Schiene Kraftschluss unter Berücksichtigung von Temperatur, fluiden Zwischenmedien und mikroskopischer Oberfläche, (2009), Dezember, Dissertation, Fakultät für Maschinenbau und Wirtschaftswissenschaften, Technische Universität, Graz

[Top16] TOPCU, O.: Entwicklung eines numerischen Verfahrens zur Berechnung des Druckverlaufs im Rad-Schiene Kontakt bei Flüssigkeitsreibung; IFS-Masterarbeit; (2016), unveröffentlicht

[UIC14] UIC-Merkblatt 544-1: Bremse – Bremsleistung; 6. Ausgabe, (2014), Oktober, Internationaler Eisenbahnverband (UIC), Paris

[UIC16] UIC-Merkblatt 541-05: Bremse – Vorschriften für den Bau der verschiedenen Bremsteile – Gleitschutzanlage; 3. Ausgabe, (2016), März, Internationaler Eisenbahnverband (UIC), Paris

[UIC84] UIC-Merkblatt 812-3: Technische Lieferbedingungen für Vollräder aus gewalztem, unlegiertem Stahl für Triebfahrzeuge und Wagen, (1984), Januar, Internationaler Eisenbahnverband (UIC), Paris

[VDA09] VDA-Empfehlung 2009: Geometrische Produktspezifikation – Oberflächenbeschaffenheit – Winkelauflösende Streulichtmessverfahren – Definition, Kenngrößen und Anwendung, (2009), September, Verband der Automobilindustrie E.V., Berlin

[Vie08] VIERECK, U.: Dynamisches Kraftschlussmodell zur Optimierung von Gleitschutzsystemen, Dissertation, Fakultät Maschinenwesen, Institut für Schienenfahrzeuge und Fördertechnik, RWTH Aachen, (2008), VDI Verlag, Düsseldorf

[VDI17] VDI 3822 Blatt 1.3: Schadensanalyse – Schäden an Metallprodukten durch tribologische Beanspruchung, (2017), Verein deutscher Ingenieure, Düsseldorf

[Zha00] ZHAO, Y.; MAIETTA, D. M.; CHANG, L.: An Asperity Microcontact Model Incorporating the Transition from Elastic Deformation to Fully Plasic Flow, Journal of tribology, Vol. 122, (2000), S. 86 – 93

[Zum87] ZUM GAHR, K.-H.: Microstructure and Wear of Materials, Tribology Series Vol. 10. (1987), Elsevier, Amsterdam

A Anhang

Exkurs zu den erzielten Prüfstandergebnissen

Bei den in dieser Arbeit dargestellten Ergebnissen gilt es zu beachten, dass aufgrund der unterschiedlichen Zielsetzungen (vgl. Kap. 4.1, Betriebssicherheit vs. Verschleißmodell) der Versuchsreihen nicht alle Werte direkt miteinander vergleichbar sind. Dies gilt insbesondere für die Verschleißrate. Der absolute Verschleiß des gewalzten Rades liegt etwas unterhalb des Verschleißes des ungewalzten Rades. Die Verschleißrate liegt hingegen höher, was auf den massiven Einsatz von Streumitteln zurückzuführen ist. Dies macht sich auch im Verschleißbild bemerkbar, da dieses beim ungewalzten Rad etwas schmaler und tiefer ausfällt. Die Oberfläche des gewalzten Rades ist aus diesen Gründen sehr viel rauer.

Aus der Versuchsreihe mit dem gewalzten Rad wird nicht deutlich, ob die Oberflächenhärte weiter steigen würde. Die Versuchsreihe mit dem gewalzten Rad hingegen lässt eine Sättigung der Oberflächenhärte erkennen.

Die Versuche mit dem Einzelrad-Rollprüfstand haben gezeigt, dass sowohl die Austragsrate des Streumittels als auch die Oberflächenbeschaffenheit des Rades Auswirkungen auf den Anhalteweg haben. Insbesondere bei den Versuchen mit Seifenlauge im Kontakt wird der Einfluss der Oberflächenbeschaffenheit deutlich. Nachfolgende **Tab. A.1** gibt einen Überblick der mittleren Anhaltewege der einzelnen Versuchsreihen. Hieraus wird deutlich, dass die während der Versuchsreihe III ermittelten Anhaltewege mit Seifenlauge und einer Streumittelaustragsrate *m'* = 3,0 g/m (Quarzsand) die geringste Anhaltewegverlängerung im Vergleich zu den Versuchen ohne Zwischenmedium aufweist.

Tab. A.1: Vergleich der Versuchsreihen

	ohne Zwischenmedium		Seifenlauge	Seifenlauge + Streumittel	Streumittel
Versuchsreihe I	93,7 m	$s_{korr,m}$	176,6 m	154,8 m	90,6 m
		delta %	**88,4%**	65,1%	-3,3%
		Austragsrate		0,5 g/m	
Versuchsreihe II	93,7 m	$s_{korr,m}$	313,5 m	125,5 m	91,7 m
		delta %	**234,6%**	33,9%	-2,1%
		Austragsrate		1,5 g/m	
Versuchsreihe III	93,0 m	$s_{korr,m}$	283,0 m	121,8 m	91,3 m
		delta %	204,3%	31,0%	-1,8%
		Austragsrate		3,0 g/m	
Versuchsreihe IV	93,8 m	$s_{korr,m}$	350,9 m	138,7 m	94,8 m
		delta %	274,1%	47,9%	1,1%
		Austragsrate		400g/ 30 s	
Versuchsreihe V	94,7 m	$s_{korr,m}$	221,2 m	128,1 m	95,0 m
		delta %	133,6%	35,3%	0,4%
		Austragsrate (Al_2O_3)		0,25 g/m	

Weiterhin wird ersichtlich, dass eine (Aluminiumoxid-) Austragsrate m‘ = 0,25 g/m eine Anhaltewegverlängerung in ähnlicher Größenordnung zur Folge hat. Die im Vollbahnbereich übliche [ERA18] zeitabhängige (Quarzsand-) Austragsrate m = 400 g/30 s hat hingegen die größte Anhaltewegverlängerung gezeigt.

Eine Indikation für den Einfluss der Oberflächenbeschaffenheit wird durch die Anhaltewege, welche beim Einsatz von Seifenlauge im Kontakt ermittelt wurden, aufgezeigt. Hierin ist der Unterschied zwischen den Anhaltewegverlängerungen (Tab. A.1) der Versuchsreihe I und Versuchsreihe II hervorzuheben.

Der Zustand der Radoberfläche vor dem ersten Einsatz von Streumitteln ist in **Abb. A**.1, links dargestellt. Durch die Walzbearbeitung und die Überrollungen beim Einlaufen sind die Riefen der Drehbearbeitung eingeebnet. Folglich weist das Rad im Bereich der Lauffläche eine hohe Oberflächengüte auf. Während der Versuche mit Seifenlauge der Versuchsreihe I wies das Rad diese Oberflächengüte auf. Die Verlängerung des mittleren Anhaltewegs im Vergleich zu den Versuchen bei trockenem Kontakt beträgt etwa 88 %.

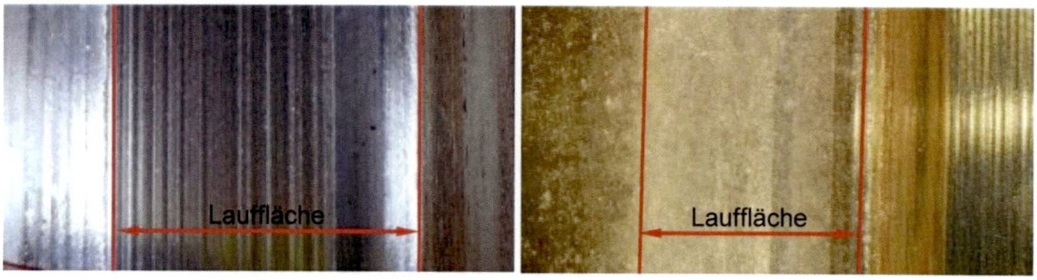

Abb. A.1: Radoberflächen vor (links) und nach (rechts) dem ersten Einsatz von Streumitteln

Vor den Messungen mit Seifenlauge der Versuchsreihe II wurden Streumittel in Form von Quarzsand in den Kontakt eingebracht. Hierdurch ist eine deutliche Aufrauhung der Radoberfläche zu beobachten. Der Zustand der Lauffläche des Rades nach dem ersten Versuch mit Streumittel ist in Abb. A.1, rechts dargestellt. Bis zum ersten Versuch mit Seifenlauge wurde das Rad hin zu einer „sandrauen“ Oberfläche (vgl. Abb. 4.14) verändert. Für diese Versuchsreihe II beträgt die Verlängerung des mittleren Anhaltewegs der Versuche mit Seifenlauge im Vergleich zu den Versuchen ohne Zwischenmedium etwa 234 %.

Die größte Verlängerung des mittleren Anhaltewegs (Versuche mit Seifenlauge) wurde bei der Versuchsreihe IV mit zeitabhängiger Austragsrate (m‘ = 400 g/30 s) festgestellt. Diese beträgt etwa 274 %. Zur Prüfung, ob das Phänomen der mittleren Anhaltewegverlängerung bei Versuchen mit Seifenlauge auf die Einstellungen des Gleitschutzes zurückzuführen ist, wird dieser nachfolgend detaillierter betrachtet.

Die **Abb. A**.2 zeigt die relevanten Messwerte über der Zeit der beispielhaft ausgewählten Messung 304. Hierbei handelt es sich um die erste Messung mit Seifenlauge im Kontakt. Im oberen Bereich des Diagramms sind die Geschwindigkeiten, also Fahrzeug-, Rad- und Differenzgeschwindigkeit dargestellt.

Der Anhalteweg ist ebenfalls im ersten Diagramm in Form des grünen Graphs dargestellt. Im zweiten Graph sind der Soll- und der Ist-Druck der Bremszylinder dargestellt. Der dritte Graph gibt Auskunft über die digital eingelesenen Signale. Hier sind der Zustand der Gleitschutzventile und der des Ventils zur Steuerung der Flüssigkeitszufuhr in den Kontaktbereich zu beachten. Der vierte Graph zeigt den aus der Längskraft und der Radaufstandskraft berechneten Kraftschlussbeiwert. Des Weiteren wird ein Mittelwert aus der oberen und unteren Hüllkurve des Kraftschlussbeiwertes gebildet. Der letzte Graph zeigt den A_q-Wert.

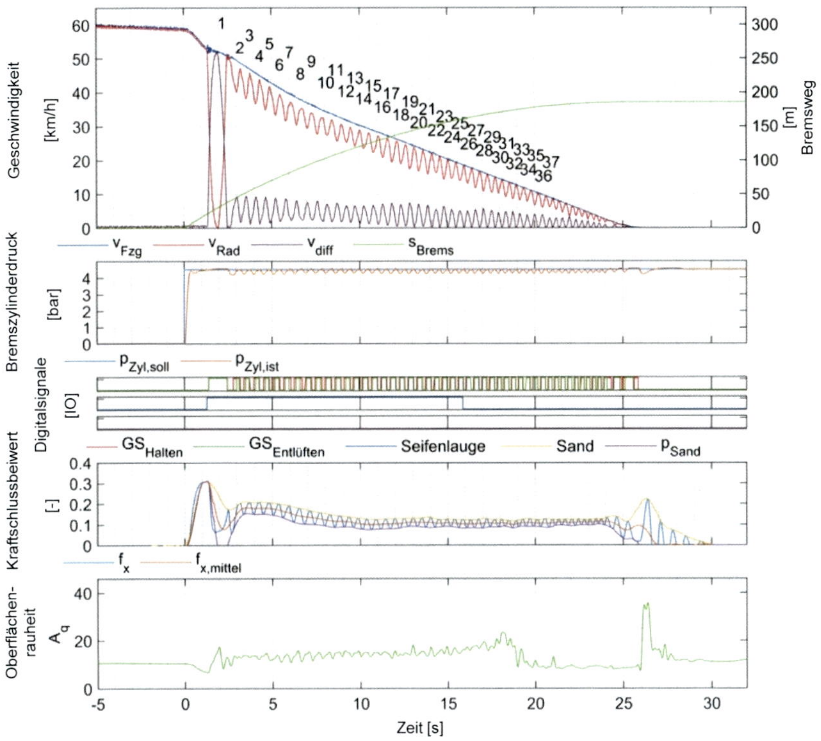

Abb. A.2: Messschrieb der Messung 304 (gewalztes Rad)

Aus den Messwerten geht hervor, dass das Fahrzeugrad zu dem Zeitpunkt, an dem die Seifenlauge in den Kontakt gelangt, bis nahezu zum Stillstand verzögert. Das Ansteuern der Gleitschutzventile reduziert die Bremskraft, so dass die Kraftschlusskraft das Rad wieder beschleunigt. Beim Unterschreiten der Schlupfschwellwerte (vgl. **Tab. A.3**) werden die Gleitschutzventile wieder in ihre Ausgangsposition geschaltet. Dies führt zum erneuten Aufbau der Bremskraft. In dem Moment, in dem das aus dem Kraftschluss resultierende Moment und das Trägheitsmoment des Rades geringer als das Bremsmoment ist, erhöht sich der Schlupf bis hin zum erneuten Gleitschutzeingriff. Dieser Vorgang setzt sich bis zum Stillstand des

Rades fort. Weiterhin wird deutlich, dass der A_q-Wert über die gesamte Messung nahezu konstant bleibt. Lediglich nach der Beendigung der Zufuhr von Seifenlauge sinkt der A_q-Wert minimal. Dies ist möglicherweise auf die abnehmende Benetzung der Radoberfläche mit Flüssigkeit zurückzuführen.

Zur genaueren Betrachtung der Phänomene während des Gleitens werden die einzelnen Gleitschutzeingriffe betrachtet. Als Gleitschutzeingriff wird eine signifikante Abweichung der Radgeschwindigkeit von der Fahrzeuggeschwindigkeit, bzw. ein hoher Anstieg der Verzögerung betrachtet. Anschließend werden die Gleitschutzeingriffe fortlaufen nummeriert.

Die für die ersten neun Gleitschutzeingriffe ermittelten Ergebnisse sind in **Abb. A**.3 exemplarisch dargestellt. Jedes einzelne Diagramm zeigt den Kraftschluss über dem Schlupf für den jeweiligen Gleitschutzeingriff der Messung 304. Der zeitliche Verlauf des Gleitschutzeingriffs wird durch den Farbverlauf von blau zu rot gekennzeichnet.

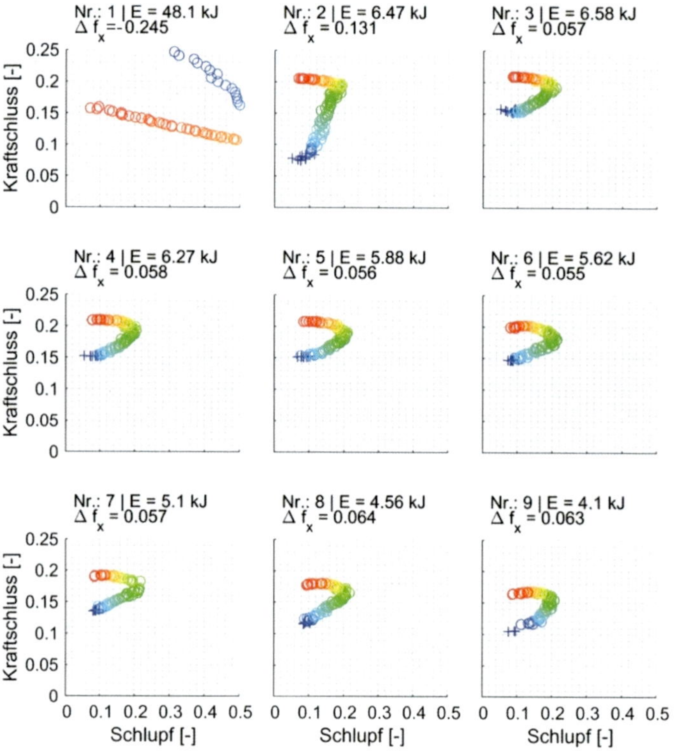

Abb. A.3: Darstellung der ersten neun Gleitschutzeingriffe der Messung 304

Wird ein Datenpunkt durch ein Kreuz markiert, so ist das Gleitschutzventil „Entlüften" geschlossen, bei einem Kreis ist es geöffnet. Weiterhin sind die im Kontakt durch Reibung umgesetzte Energie und die Änderung des Kraftschlusses für den jeweiligen Eingriff dargestellt. Die Änderung des Kraftschlusses ergibt sich gemäß Gl. (A.1) aus der Differenz zwischen dem minimalen und maximalen Kraftschluss.

$$\Delta f_x = f_{x,max} - f_{x,min} \tag{A.1}$$

Es ist zu erkennen, dass das Kraftschlussniveau im ersten Eingriff beim Einsetzen der Seifenlauge sinkt, aber anschließend während der folgenden Eingriffe steigt.

Nachfolgende **Abb. A**.4 (rote Vierecke) zeigt die Kraftschlussänderungen gemäß der (A.1 über der umgesetzten Reibenergie für die einzelnen Gleitschutzeingriffe der Versuchsreihe I mit den Messungen 304, 310, 329, 336 und 425. Bei dieser Versuchsreihe wiesen sowohl die Schienenscheibe als auch das Schienenfahrzeugrad eine hohe Oberflächengüte auf, da bis zu diesem Zeitpunkt kein Streumittel eingesetzt wurde. Der grüne Graph zeigt eine Tangenshyperbolicusfunktion gemäß l. (A.2) zur Annäherung an die ermittelten Werte.

$$\Delta f_x = tanhyp(a \cdot E) + b \tag{A.2}$$

Die grünen Dreiecke (Abb. A.4) hingegen zeigen die Änderung des Kraftschlusses bei den Versuchen mit Seifenlauge während der Versuchsreihe II (Messungen: 544, 556, 583, 601) mit der Austragsrate $m' = 1{,}5$ g/m.

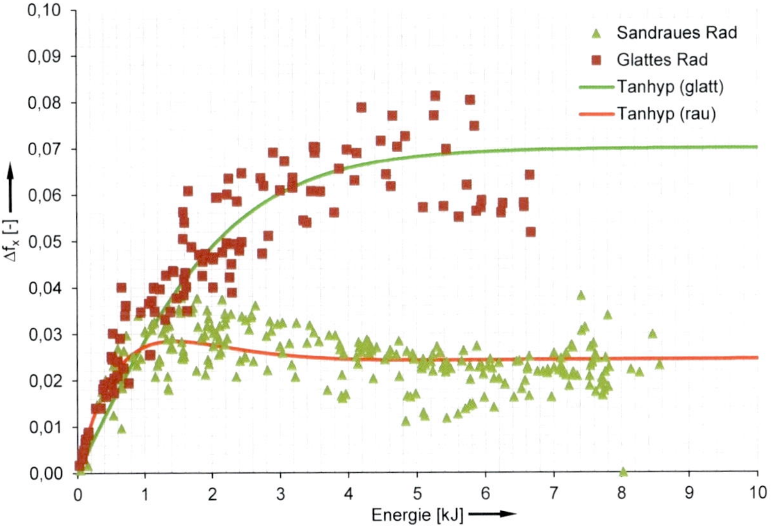

Abb. A.4: Steigerung des Kraftschlussbeiwertes über der Reibenergie

Diese Messwerte lassen sich ebenfalls durch die mit (A.2 beschrieben Funktion darstellen. Hierbei nimmt der Koeffizient a jedoch einen geringeren Wert an, so dass das Niveau der Kraftschlussänderungen insgesamt deutlich geringer ausfällt.

Aus dieser Darstellung wird deutlich, dass beim glatten Rad die größten Steigerungen des Kraftschlussbeiwertes bei einem Energieeintrag von $E_{Reib} \approx 5$ kJ auftreten. Beim rauen Rad hingegen stellt sich ein Maximum bei $E_{Reib} \approx 1{,}5$ kJ ein. Dieser Zusammenhang kann beispielsweise der Auslegung von Gleitschutzalgorithmen dienen.

Die oben dargestellten Ergebnisse decken sich nicht mit den Erfahrungen aus Gleitschutzversuchen aus dem Feld. Im Realbetrieb führt eine höhere Radrauheit zu einem kürzeren Anhalteweg als eine geringere Radrauheit. Aus diesem Grund wird für die Durchführung von zulassungsrelevanten Gleitschutzversuchen eine Anzahl von Überrollungen des Gleises bzw. des Rades gefordert [UIC16].

Zusammenfassend lässt sich feststellen, dass die im ORE-Bericht B164 [ORE90] dargestellten Konditionierungseffekte für die einzelnen Gleitschutzeingriffe nachgestellt werden konnten. Der Effekt, dass sich der Kraftschluss mit steigender Rauheit zunimmt, konnte nicht bestätigt werden.

Folgende *Hypothese* gibt eine Erklärung für das oben beschriebene Phänomen:

Tritt Wasser oder eine Flüssigkeit in den Kontakt mit glatten Oberflächen, so wird ein großer Teil der Flüssigkeit aus dem Kontakt verdrängt. Dies führt zum einen zu einer großen, wahren Kontaktfläche. Zum anderen wird an den Stellen, an denen Festkörperkontakt auftritt, die Reibenergie in Wärme umgesetzt, welche zum Verdampfen der Flüssigkeit bzw. Verringern der Viskosität führt. Das Maximum des Kraftschlussbeiwertes wird erreicht, wenn ein Maximum an Flüssigkeit aus dem Kontakt verdrängt wurde.

Beim Kontakt mit rauer Oberfläche ist die wahre Kontaktfläche wesentlich geringer. Dies führt zu einem größeren Flüssigkeitsanteil im Kontakt als bei glatter Oberfläche. Weiterhin teilt sich die Normalkraft in einen Festkörper- und einen Flüssigkeitstraganteil auf. Tangentialkräfte hingegen können fast ausschließlich über den Festkörpertraganteil übertragen werden, da die geringe Viskosität der Flüssigkeit zu einem vernachlässigbaren Schubspannungsanteil der Flüssigkeitsreibung führt. Dieser Umstand verringert die über den Kontakt übertragbare Längskraft.

Weiterhin gilt es zu prüfen, ob die beschriebene Situation im Realbetrieb auftritt, oder ob die Schiene generell eine höhere Rauheit als die mit dem Prüfstand nachgestellte aufweist.

Tab. A.2: Koeffizienten nach Hertz [Her81]

ν	90°	80°	70°	60°	50°	40°	30°	20°	10°	0°
ξ	1	1,128	1,284	1,486	1,754	2,136	2,731	3,778	6,612	∞
η	1	0,893	0,802	0,717	0,641	0,567	0,493	0,408	0,319	0
ψ	1	1,12	1,25	1,39	1,55	1,74	1,98	2,30	2,80	∞

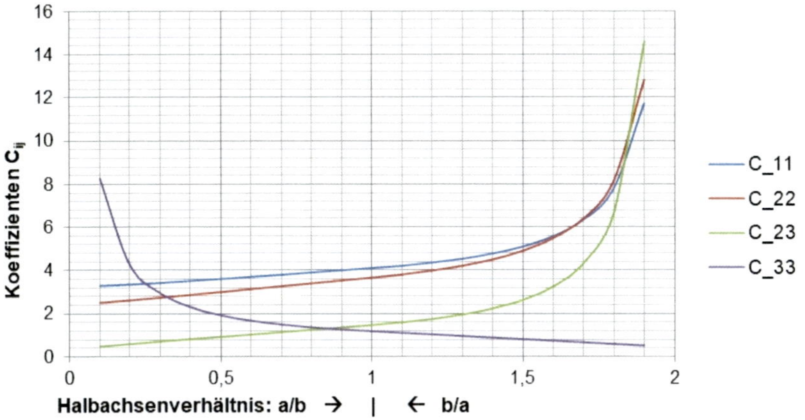

Abb. A.5:Kalker Koeffizienten

Tab. A.3: Schwellwerteinstellungen des Prüfstandes

Bezeichnung	Formelzeichen	Wert
Bremsausgangsgeschwindigkeit	v_0	60 km/h
Radaufstandskraft	Q	49,050 kN
simulierte translatorische Fahrzeugmasse	m_{Fzg}	7,7 t
Bremszylinderdruck	p_{Zyl}	4,5 bar
Schwellwert Gleitschutz Halten EIN	$s_{x,Halten,EIN}$	7,5 %
Schwellwert Gleitschutz Halten AUS	$s_{x,Halten,AUS}$	4 %
Schwellwert Gleitschutz Entlüften EIN	$s_{x,Entlüften,EIN}$	15 %
Schwellwert Gleitschutz Entlüften AUS	$s_{x,Entlüften,AUS}$	7,5 %
Schwellwert Seifenlauge EIN	$v_{Fluid,EIN}$	55 km/h
Schwellwert Seifenlauge AUS	$v_{Fluid,AUS}$	20 km/h
Schwellwert Druckluft Sandung EIN	$p_{Sand,EIN}$	Bremsbeginn
Schwellwert Druckluft Sandung AUS	$p_{Sand,AUS}$	$U_{Motor,AUS}$ + 5 s
Schwellwert Motorspannung Sandung EIN	$U_{Motor,EIN}$	55 km/h
Schwellwert Motorspannung Sandung AUS	$U_{Motor,AUS}$	2 km/h

Tab. A.4: Übersicht der kontinuierlich erfassten Messgrößen

Nr	Name	DAQ Eingang	Signal		Sensor/Anschlussort
1	CAN-v-Fzg	1 1	CAN		Correvit L-350 CAN
2	$U_{Messtechnik}$	1 2	Spannung	0 - 24V	Trigger Batterie
3	p_{atmos}	1 3	Strom	4-20mA	Druck 01
4	$p_{C,BGT1}$	1 4	Strom		Druck 02
5	Antriebsmoment RS 1	1 5	Spannung	0-10V	Traco
6	Antriebsmoment RS 2	1 6	Spannung		Traco
7	Antriebsmoment RS 3	1 7	Spannung		Traco (diagonal)
8	Antriebsmoment RS 4	1 8	Spannung		Traco (diagonal)
9	Antriebsmoment RS 5	2 1	Spannung	0-10V	Traco
10	Antriebsmoment RS 6	2 2	Spannung		Traco
11	Antriebsmoment RS 7	2 3	Spannung		Traco (diagonal)
12	Antriebsmoment RS 8	2 4	Spannung		Traco (diagonal)
13	Drehzahl RS 1	2 5	Imulse	15V 110 Imp/Umd	Klemmleiste im Fzg. Am Wg.-Übergang
14	Drehzahl RS 2	2 6	Imulse		
15	Drehzahl RS 3	2 7	Imulse		
16	Drehzahl RS 4	2 8	Imulse		
17	T-Druck DG 1-rechts	3 1	Strom	4-20mA	Druck 03 (p_{T01})
18	T-Druck DG 1-links	3 2	Strom	4-20mA	Druck 04 (p_{T02})
19	T-Druck DG 2-rechts	3 3	Strom	4-20mA	Druck 05 (p_{T03})
20	T-Druck DG 2-links	3 4	Strom	4-20mA	Druck 06 (p_{T04})
21	Drehzahl RS 5	3 5	Imulse	15V 110 Imp/Umd	Klemmleiste im Fzg. Am Wg.-Übergang
22	Drehzahl RS 6	3 6	Imulse		
23	Drehzahl RS 7	3 7	Imulse		
24	Drehzahl RS 8	3 8	Imulse		
25	T-Druck DG 3-rechts	4 1	Strom	4-20mA	Druck 07 (p_{T05})
26	T-Druck DG 3-links	4 2	Strom	4-20mA	Druck 08 (p_{T06})
27	T-Druck DG 4-rechts	4 3	Strom	4-20mA	Druck 09 (p_{T07})
28	T-Druck DG 4-links	4 4	Strom	4-20mA	Druck 10 (p_{T08})
29	v_{Fzg}	4 5	Frequenz	Hz	Correvit L-350 Zähler
30	Beschl.-x Richtung RS-Lager 1	4 6	Spannung	+/- 2V	10G LW11204
31	Beschl.-y Richtung RS-Lager 1	4 7	Spannung	+/- 2V	30G SN4566
32	Beschl.-z Richtung RS-Lager 1	4 8	Spannung	+/- 2V	200G 11227
33	Beschl.-x Richtung RS-Lager 4	5 1	Spannung	+/- 2V	10G SN LW11204
34	Beschl.-y Richtung RS-Lager 4	5 2	Spannung	+/- 2V	30G SN4479
35	Beschl.-z Richtung RS-Lager 4	5 3	Spannung	+/- 2V	200G SN11226
36	Beschl x-Richtung	*4 6*	Spannung	+/- 2V	2G SN8536
37	Schalldruck	5 5			
38	Schalldruck	5 6			
39	Schalldruck	5 7			
40	Schalldruck	5 8			

Tab. A.5: Ergebnisse der Oberflächenhärtemessungen

Laufleistung	Radsatz	links	Ø	rechts	Ø	Ø re/li	Drehgestell		Wagen	
0 km	1	279	282	283	282	281	1	284	1	**282**
	2	286		288		287				
	3	279		277		278	2	279		
	4	283		278		281				
	5	293	289	295	295	294	1	295	2	**292**
	6	291		301		296				
	7	293		289		291	2	289		
	8	279		295		287				
2875 km	1	358	350	348	356	353	1	356	1	**353**
	2	345		373		359				
	3	343		346		345	2	350		
	4	354		357		356				
	5	335	353	351	347	343	1	349	2	**350**
	6	357		352		355				
	7	329		336		332	2	352		
	8	391		351		371				
7474 km	1	362	356	376	360	369	1	364	1	**358**
	2	351		365		358				
	3	354		356		355	2	353		
	4	358		343		350				
	5	346	363	350	356	348	1	356	2	**359**
	6	372		356		364				
	7	381		355		368	2	363		
	8	353		363		358				
13064 km	1	343	347	360	348	351	1	352	1	**348**
	2	350		355		352				
	3	343		341		342	2	344		
	4	354		338		346				
	5	335	333	329	332	332	1	335	2	**332**
	6	347		331		339				
	7	328		335		331	2	330		
	8	324		333		328				
22632 km	1	332	340	357	343	344	1	345	1	**342**
	2	344		346		345				
	3	345		335		340	2	339		
	4	342		336		339				
	5	342	341	336	328	339	1	332	2	**334**
	6	329		322		326				
	7	348		339		343	2	337		
	8	345		316		330				
32200 km	1	323	342	373	365	348	1	350	1	**354**
	2	338		368		353				
	3	351		363		357	2	357		
	4	355		358		357				
	5	347	346	330	329	339	1	337	2	**338**
	6	340		333		336				
	7	347		324		336	2	338		
	8	351		330		340				
41768 km	1	307	317	328	321	317	1	321	1	**319**
	2	319		330		324				
	3	321		318		320	2	317		
	4	321		307		314				
	5	310	307	317	310	313	1	313	2	**308**
	6	322		302		312				
	7	294		310		302	2	304		
	8	302		309		305				

Abb. A.6: Fahrfläche nach Versuch 655

Abb. A.7: Fahrfläche nach Versuch 711

Abb. A.8: Fahrfläche nach Versuch 764

Abb. A.9: Fahrfläche nach Versuch 793

Abb. A.10:Fahrfläche nach Versuch 843

Abb. A.11:Fahrfläche nach Versuch 874

Tab. A.6: Abschnittsweise Kraftschlussbeiwerte der Einzelversuche

		Geschwindigkeitsklasse [km/h]											
		$v \leq 5$	$5 < v \leq 10$	$10 < v \leq 15$	$15 < v \leq 20$	$20 < v \leq 25$	$25 < v \leq 30$	$30 < v \leq 35$	$35 < v \leq 40$	$40 < v \leq 45$	$45 < v \leq 50$	$50 < v \leq 55$	$55 < v \leq 57.5$
		$f_{x,m}$ [-]											
0,5 g/m	304	0.081	0.111	0.107	0.107	0.111	0.105	0.115	0.144	0.172	0.183	0.148	0.278
	310	0.087	0.129	0.124	0.127	0.141	0.154	0.164	0.170	0.186	0.192	0.166	0.274
	319	0.077	0.117	0.113	0.112	0.114	0.134	0.142	0.158	0.171	0.209	0.185	0.276
	336	0.080	0.121	0.114	0.114	0.120	0.131	0.138	0.147	0.173	0.189	0.169	0.279
	425	0.098	0.116	0.111	0.107	0.107	0.109	0.116	0.129	0.160	0.209	0.178	0.278
	Ø	**0.084**	**0.119**	**0.114**	**0.113**	**0.119**	**0.127**	**0.135**	**0.149**	**0.173**	**0.196**	**0.169**	**0.277**
	500	0.109	0.258	0.236	0.218	0.205	0.210	0.191	0.188	0.173	0.101	0.171	0.273
	514	0.092	0.256	0.226	0.202	0.202	0.190	0.194	0.190	0.172	0.104	0.162	0.279
	526	0.143	0.251	0.238	0.208	0.207	0.200	0.204	0.199	0.175	0.100	0.182	0.269
	538	0.096	0.263	0.234	0.209	0.209	0.200	0.203	0.197	0.183	0.112	0.138	0.298
	Ø	**0.110**	**0.257**	**0.234**	**0.209**	**0.206**	**0.200**	**0.198**	**0.194**	**0.176**	**0.104**	**0.163**	**0.279**
	469	0.177	0.308	0.309	0.312	0.314	0.316	0.316	0.316	0.318	0.317	0.314	0.270
	507	0.143	0.318	0.319	0.317	0.315	0.311	0.306	0.300	0.299	0.301	0.299	0.258
	520	0.190	0.310	0.313	0.316	0.318	0.319	0.317	0.316	0.319	0.314	0.306	0.253
	532	0.171	0.310	0.311	0.311	0.311	0.310	0.308	0.301	0.299	0.302	0.300	0.261
	Ø	**0.170**	**0.311**	**0.313**	**0.314**	**0.315**	**0.314**	**0.312**	**0.309**	**0.309**	**0.309**	**0.305**	**0.260**
1,5 g/m	544	0.072	0.066	0.059	0.053	0.049	0.049	0.051	0.055	0.061	0.086	0.245	0.140
	556	0.078	0.078	0.074	0.069	0.069	0.068	0.064	0.064	0.070	0.088	0.194	0.272
	583	0.077	0.078	0.074	0.071	0.068	0.065	0.062	0.062	0.067	0.087	0.203	0.270
	601	0.080	0.077	0.073	0.069	0.066	0.064	0.064	0.067	0.076	0.102	0.257	0.158
	632	0.082	0.083	0.080	0.075	0.074	0.073	0.073	0.076	0.073	0.087	0.229	0.234
	Ø	**0.078**	**0.077**	**0.072**	**0.068**	**0.065**	**0.064**	**0.063**	**0.065**	**0.069**	**0.090**	**0.226**	**0.215**
	550	0.100	0.317	0.317	0.305	0.231	0.308	0.208	0.306	0.205	0.119	0.166	0.281
	562	0.111	0.318	0.318	0.242	0.320	0.241	0.275	0.251	0.183	0.155	0.258	0.285
	589	0.134	0.315	0.314	0.307	0.227	0.307	0.216	0.293	0.225	0.133	0.183	0.277
	620	0.127	0.296	0.296	0.299	0.297	0.213	0.297	0.256	0.182	0.164	0.299	0.271
	Ø	**0.118**	**0.312**	**0.311**	**0.288**	**0.269**	**0.267**	**0.249**	**0.276**	**0.199**	**0.143**	**0.227**	**0.279**
	569	0.171	0.308	0.310	0.312	0.314	0.314	0.311	0.307	0.310	0.312	0.306	0.257
	577	0.130	0.308	0.310	0.310	0.310	0.311	0.310	0.305	0.301	0.296	0.295	0.266
	595	0.136	0.311	0.312	0.313	0.314	0.315	0.312	0.305	0.302	0.302	0.297	0.264
	626	0.182	0.310	0.311	0.314	0.314	0.315	0.312	0.305	0.305	0.308	0.305	0.257
	Ø	**0.155**	**0.309**	**0.311**	**0.312**	**0.313**	**0.314**	**0.311**	**0.305**	**0.304**	**0.304**	**0.301**	**0.261**
3,0 g/m	634	0.086	0.086	0.084	0.082	0.083	0.081	0.080	0.080	0.084	0.097	0.210	0.197
	636	0.092	0.084	0.082	0.081	0.083	0.083	0.084	0.085	0.082	0.083	0.128	0.188
	638	0.085	0.083	0.080	0.079	0.078	0.079	0.075	0.071	0.068	0.077	0.156	0.117
	691	0.091	0.091	0.087	0.080	0.080	0.079	0.076	0.074	0.078	0.098	0.226	0.246
	Ø	**0.089**	**0.086**	**0.083**	**0.080**	**0.081**	**0.081**	**0.079**	**0.078**	**0.078**	**0.089**	**0.180**	**0.187**
	643	0.084	0.311	0.311	0.310	0.246	0.314	0.305	0.225	0.295	0.137	0.174	0.286
	655	0.166	0.319	0.322	0.325	0.230	0.301	0.248	0.280	0.196	0.158	0.321	0.266
	667	0.147	0.330	0.333	0.335	0.336	0.274	0.267	0.325	0.194	0.120	0.206	0.269
	685	0.097	0.312	0.312	0.314	0.318	0.317	0.253	0.268	0.309	0.114	0.186	0.288
	Ø	**0.124**	**0.318**	**0.320**	**0.321**	**0.282**	**0.302**	**0.268**	**0.274**	**0.249**	**0.132**	**0.222**	**0.277**
	661	0.133	0.316	0.320	0.321	0.321	0.322	0.318	0.310	0.307	0.310	0.312	0.276
	679	0.184	0.307	0.308	0.309	0.312	0.312	0.310	0.306	0.307	0.313	0.311	0.260
	711	0.161	0.309	0.311	0.312	0.315	0.317	0.316	0.308	0.307	0.305	0.300	0.267
	717	0.173	0.311	0.310	0.311	0.313	0.313	0.313	0.310	0.313	0.315	0.310	0.272
	Ø	**0.163**	**0.311**	**0.312**	**0.314**	**0.315**	**0.316**	**0.314**	**0.309**	**0.309**	**0.311**	**0.308**	**0.269**
400 g/30 s	725	0.061	0.073	0.069	0.062	0.060	0.058	0.056	0.055	0.054	0.058	0.077	0.128
	756	0.081	0.079	0.074	0.071	0.068	0.065	0.063	0.064	0.068	0.082	0.214	0.227
	775	0.070	0.070	0.065	0.062	0.058	0.056	0.057	0.059	0.064	0.076	0.201	0.244
	805	0.073	0.069	0.063	0.057	0.057	0.056	0.057	0.059	0.063	0.081	0.216	0.232
	Ø	**0.071**	**0.073**	**0.068**	**0.063**	**0.061**	**0.059**	**0.058**	**0.059**	**0.062**	**0.074**	**0.177**	**0.208**
	744	0.101	0.311	0.307	0.250	0.249	0.239	0.232	0.233	0.196	0.111	0.180	0.280
	764	0.200	0.302	0.281	0.253	0.246	0.221	0.232	0.221	0.177	0.118	0.222	0.187
	781	0.109	0.302	0.298	0.255	0.246	0.250	0.236	0.231	0.205	0.102	0.206	0.269
	799[1)]	0.135	0.310	0.304	0.257	0.249	0.248	0.239	0.231	0.215	0.103	0.190	0.256
	Ø	**0.136**	**0.306**	**0.297**	**0.254**	**0.248**	**0.240**	**0.235**	**0.229**	**0.198**	**0.108**	**0.199**	**0.248**
	750	0.156	0.304	0.306	0.308	0.309	0.311	0.308	0.302	0.303	0.302	0.295	0.260
	779	0.174	0.260	0.262	0.264	0.267	0.268	0.269	0.264	0.231	0.188	0.133	0.071
	787	0.159	0.300	0.299	0.297	0.295	0.294	0.292	0.288	0.288	0.290	0.291	0.262
	793	0.139	0.305	0.305	0.305	0.303	0.302	0.300	0.294	0.294	0.296	0.293	0.265
	Ø	**0.157**	**0.292**	**0.293**	**0.293**	**0.294**	**0.294**	**0.292**	**0.287**	**0.279**	**0.269**	**0.253**	**0.215**
0,25 g/m (Al_2O_3)	837	0.098	0.109	0.104	0.099	0.102	0.096	0.092	0.092	0.096	0.139	0.238	0.245
	849	0.102	0.106	0.102	0.099	0.100	0.095	0.091	0.090	0.097	0.158	0.244	0.204
	868	0.073	0.108	0.103	0.099	0.100	0.096	0.094	0.095	0.101	0.154	0.233	0.273
	893	0.086	0.110	0.104	0.102	0.101	0.093	0.094	0.094	0.100	0.155	0.238	0.269
	Ø	**0.090**	**0.108**	**0.103**	**0.100**	**0.101**	**0.095**	**0.093**	**0.093**	**0.099**	**0.152**	**0.238**	**0.248**
	843	0.133	0.308	0.300	0.235	0.274	0.235	0.214	0.239	0.137	0.159	0.205	0.247
	880	0.170	0.325	0.325	0.322	0.320	0.316	0.271	0.237	0.127	0.161	0.255	0.256
	899	0.091	0.313	0.312	0.310	0.304	0.301	0.270	0.206	0.136	0.152	0.210	0.267
	905	0.164	0.310	0.304	0.231	0.305	0.304	0.295	0.245	0.132	0.152	0.234	0.252
	Ø	**0.139**	**0.314**	**0.310**	**0.275**	**0.301**	**0.289**	**0.262**	**0.232**	**0.133**	**0.156**	**0.226**	**0.256**
	819	0.164	0.307	0.306	0.304	0.304	0.302	0.300	0.295	0.294	0.293	0.291	0.254
	825	0.171	0.308	0.305	0.304	0.302	0.300	0.296	0.291	0.288	0.287	0.285	0.244
	874	0.153	0.316	0.315	0.314	0.310	0.307	0.303	0.300	0.300	0.302	0.297	0.260
	887	0.185	0.320	0.319	0.319	0.315	0.311	0.307	0.302	0.302	0.302	0.296	0.258
	Ø	**0.168**	**0.313**	**0.311**	**0.310**	**0.308**	**0.305**	**0.301**	**0.297**	**0.296**	**0.296**	**0.292**	**0.254**

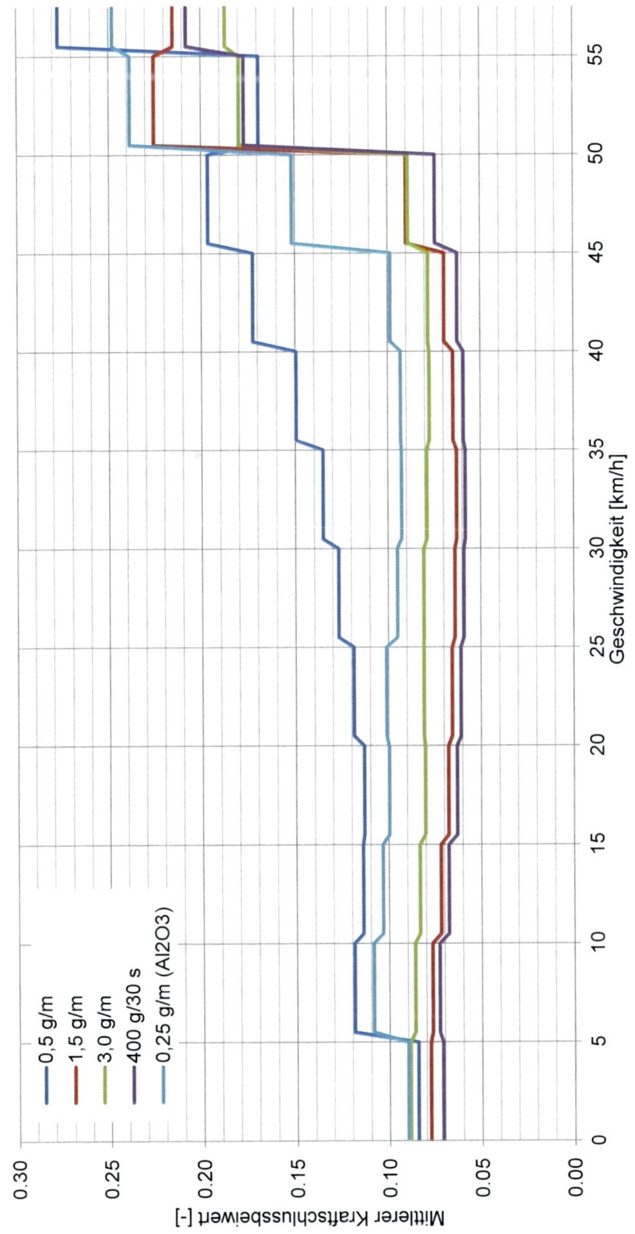

Abb. A.12:Abschnittsweiser Kraftschluss (Versuchsreihen Seifenlauge)

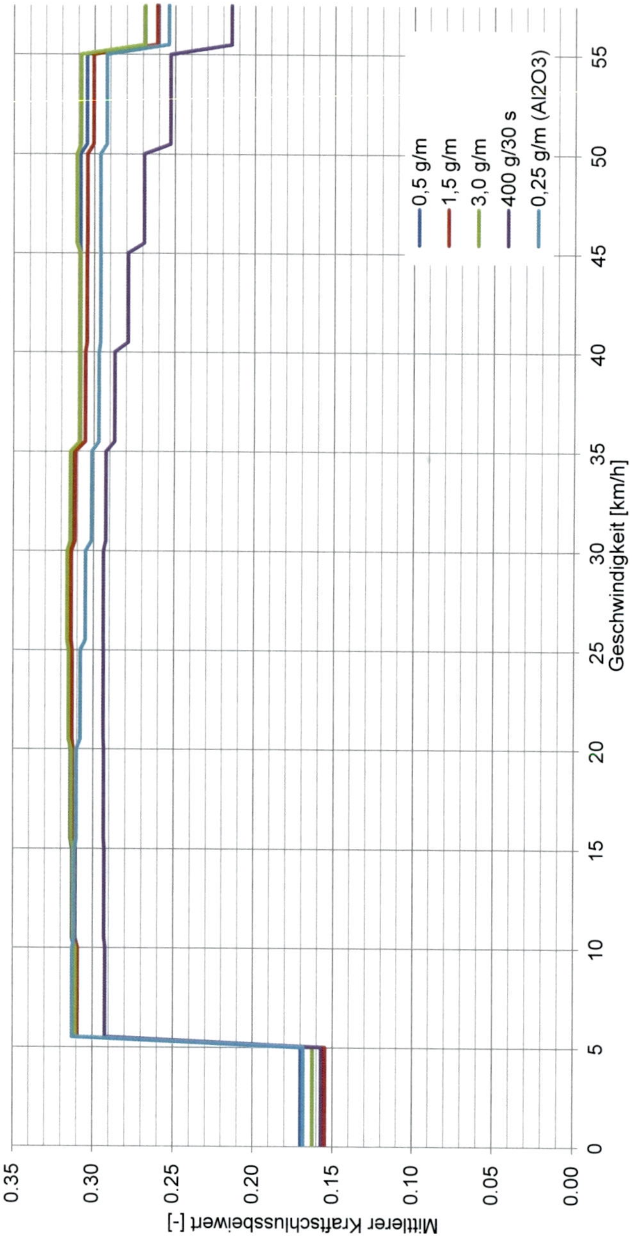

Abb. A.13: Abschnittsweiser Kraftschluss (Versuchsreihen Sand)

Abb. A.14: Schliffbild – gewalztes Rad – Position: rechts neben Lauffläche

Abb. A.15: Schliffbild – gewalztes Rad – Position: innerer Laufflächenbereich

Abb. A.16: Schliffbild – gewalztes Rad – Position: äußerer Laufflächenbereich

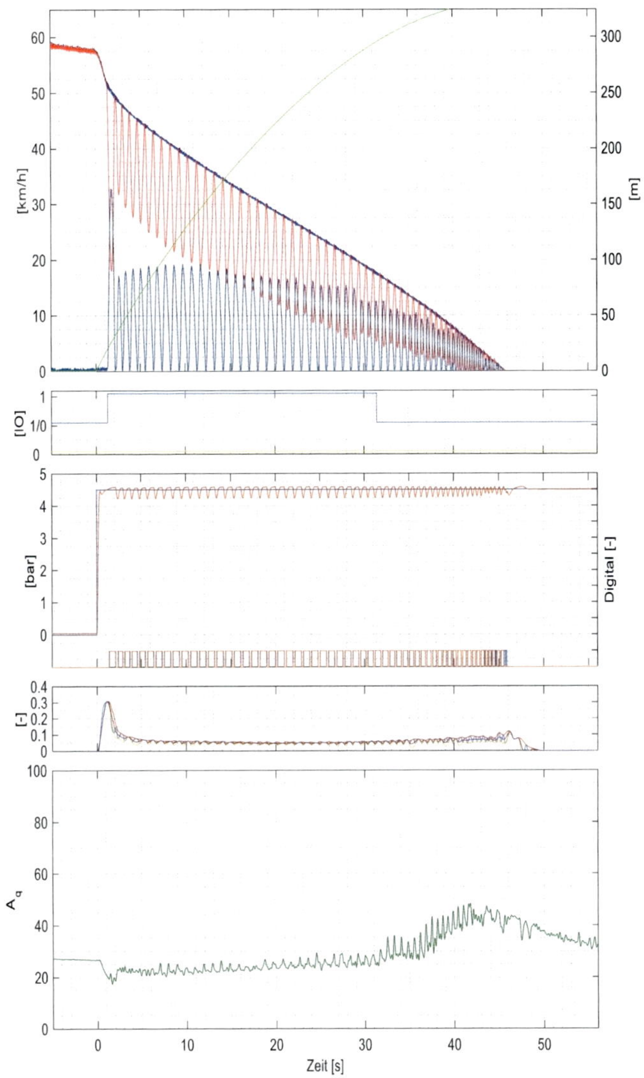

Abb. A.17:Messschrieb der Messung 544, Prüf-ID 7

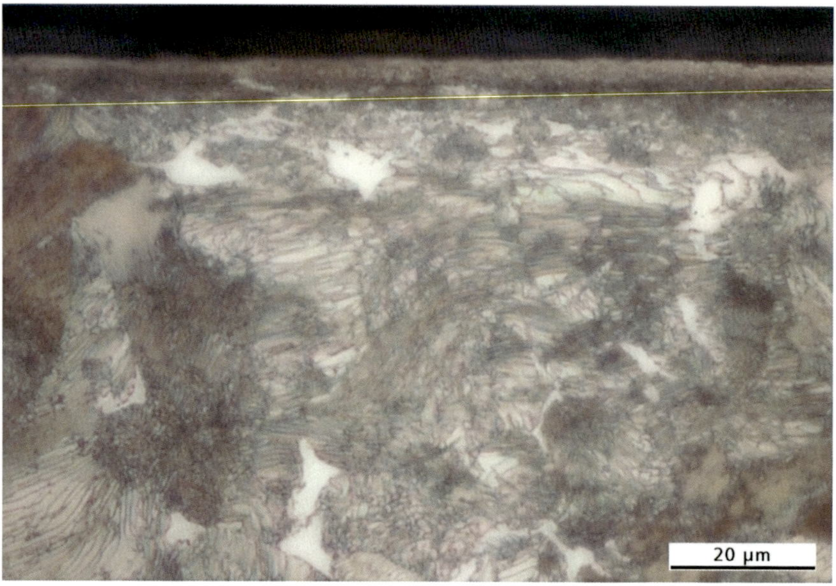

Abb. A.18:Schliffbild – ungewalztes Rad – Position: rechts neben Lauffläche

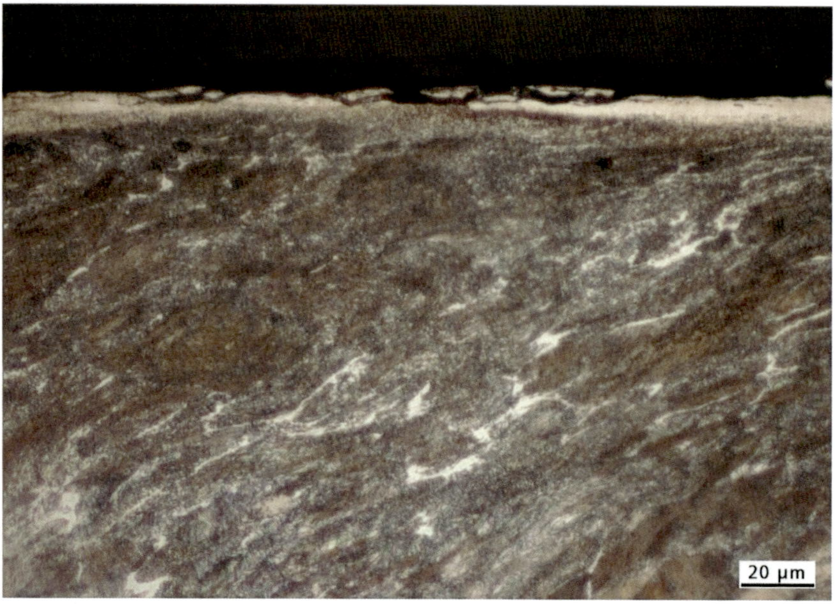

Abb. A.19:Schliffbild – ungewalztes Rad – Position: innerer Laufflächenbereich

Abb. A.20:Schliffbild – gewalztes Rad – Position: äußerer Laufflächenbereich

B Tabellenverzeichnis

C Abbildungsverzeichnis

In der Reihe **Schriftenreihe Schienenfahrzeuge und Transportsysteme** zuletzt erschienen:

Kölker, Michael:

Bestimmung des Einflusses des Walzens auf den Verschleiß von Schienenfahrzeugrädern am Beispiel einer Stadtbahn

ISBN: 978-3-98555-310-5
Erscheinungsdatum: 17.11.2025

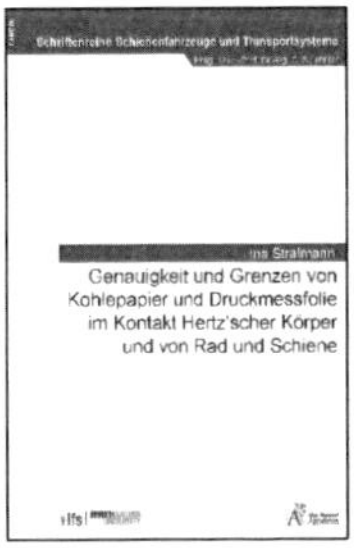

Stratmann, Ina:

Genauigkeit und Grenzen von Kohlepapier und Druckmessfolie im Kontakt Hertz'scher Körper und von Rad und Schiene

ISBN: 978-3-98555-292-4
Erscheinungsdatum: 01.07.2025

Bettinger, Tobias:

Schwingkomfortbewertung in Straßenbahnen mittels Maschinellen Lernens

ISBN: 978-3-98555-149-1
Erscheinungsdatum: 27.03.2023

Edition Wissenschaft
Apprimus

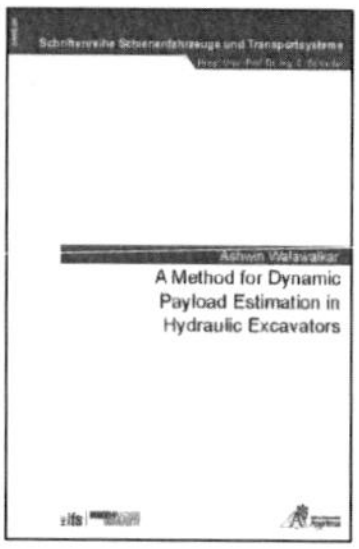

Walawalkar, Ashwin:

A Method for Dynamic Payload Estimation in Hydraulic Excavators

ISBN: 978-3-98555-129-3
Erscheinungsdatum: 05.01.2023

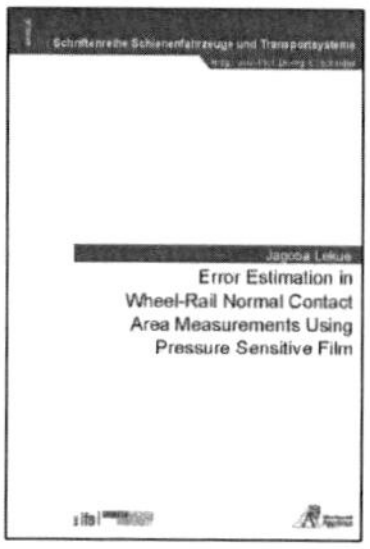

Lekue, Jagoba:

Error Estimation in Wheel-Rail Normal Contact Area Measurements Using Pressure Sensitive Film

ISBN: 978-3-98555-086-9
Erscheinungsdatum: 23.06.2022

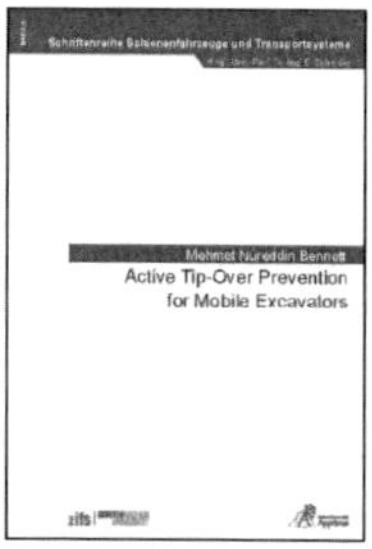

Bennett, Mehmet Nureddin:

Active Tip-Over Prevention for Mobile Excavators

ISBN: 978-3-86359-805-1
Erscheinungsdatum: 14.01.2020

Simonis, Andreas:

Lastermittlung bei Achterbahnfahrzeugen

ISBN: 978-3-86359-761-0
Erscheinungsdatum: 20.09.2019

FSC
www.fsc.org
MIX
Papier | Fördert
gute Waldnutzung
FSC® C083411

Kolibri 360 GmbH
Ferdinand-Jühlke-Straße 7
99095 Erfurt, Deutschland
produktsicherheit@kolibri360.de